你越努力，
世界就越公平

夏半月／著

民主与建设出版社

图书在版编目（CIP）数据

你越努力，世界就越公平 / 夏半月著. -- 北京：民主与建设出版社，2017.12（2023.11重印）

ISBN 978-7-5139-1881-7

Ⅰ.①你… Ⅱ.①夏… Ⅲ.①成功心理—通俗读物 Ⅳ.① B848.4-49

中国版本图书馆 CIP 数据核字 (2017) 第 308660 号

© 民主与建设出版社，2017

你越努力，世界就越公平
NIYUENULI SHIJIEJIUYUEGONGPING

出 版 人	许久文
著　　者	夏半月
责任编辑	刘树民
封面设计	尚世视觉
出版发行	民主与建设出版社有限责任公司
电　　话	（010）59417747　59419778
社　　址	北京市海淀区西三环中路 10 号望海楼 E 座 7 层
邮　　编	100142
印　　刷	河北鹏润印刷有限公司
版　　次	2018 年 2 月第 1 版　2023 年 11 月第 2 次印刷
开　　本	880 mm×1230 mm　1/32
印　　张	8.5
字　　数	200 千字
书　　号	ISBN 978-7-5139-1881-7
定　　价	36.00 元

注：如有印、装质量问题，请与出版社联系。

目 录

辑一
最好的你，就是比昨天更好的你

002	最好的你，就是比昨天更好的你
008	你若盛开，清风自来
015	你的思维和眼界，决定了你的格局
022	充满希望的人生，一往无前
029	最低谷时，我最努力
035	坚持才能看到更美的风景
041	人总要有一技之长，比读书更重要
048	总有一些人，活在我们没见过的地方

辑二
世界正在惩罚不读书的人

056　　　　　我那个大学毕业找不到工作的同学
062　　　　　任何时候,你都不能放弃自己
070　　　　　世界正在惩罚不读书的人
076　　　　　你的人生那么有意义,但快乐吗?
082　　　　　善待身边的人,让他们变成你的贵人
087　　　　　人品,才是你的通行证
094　　　　　让人舒服,才是拥有了顶级的魅力
100　　　　　娶一个喜欢读书的女人
106　　　　　千万别做那个又穷又矫情的人

辑三
你对待挫折的态度，决定了你人生的高度

114	你对待挫折的态度，决定了你人生的高度
118	你的笑容，价值千金
125	你的态度，决定了别人的风度
132	你的善意里藏着你的贵人
137	会说话的女人，都美成了什么样子
144	高情商的人，都很懂得说"不"
150	读好书，遇好人

辑四
优质人生，从懂得积累开始

156　　　　　　　不是读书没用，是你没用

162　　　别说你爱我了，毕竟你连红包都没发过一个

169　　　　　　别活成一个行走的"炸药包"

175　　　　　　　　　　做好人，交好人

181　　　　　　　　比情商更重要的是睡商

187　　　女人穷不可怕，可怕的是失去了羞耻心

193　　　　　　优质人生，从懂得积累开始

198　　　　　　　　别去靠近看不上你的人

203　　　为人父母后，我们才真正变得成熟

辑五
愿你既有离开的勇气,也有稳定的能力

210	做一个不怕变老的女人
216	愿你既有离开的勇气,也有稳定的能力
222	真羡慕你们结婚十年还能秀恩爱
228	有缘人,都很容易成为眷属
234	你的善良,自有力量
240	不努力的人生更不值得一提
246	人不好,风水再好也没有用
252	情商高,就是懂得好好说话
258	我是如何克服拖延症的

你越努力,
世界就越公平

辑一

最好的你,
就是比昨天更好的你

最好的你，
就是比昨天更好的你

1

初一的时候，我的普通话非常差。有一次语文课上，老师叫我起来朗读课文。我颤颤巍巍地站起来，随后半白半普的发音在教室里响起，全班同学哄堂大笑。最后，老师脸色极其难看地说："简直听不懂你在读什么。"

我满脸通红，满怀羞愧地坐了下来，整整一节课都不敢抬头。回家之后，一想起老师嘲讽的语气，我就很气愤，暗暗下决心要把普通话练好。

家里常年订有报纸，于是我每天放了学就躲进家里的小楼阁，高声朗读报纸的内容。爸爸是搞雕刻的，每天都要对着木头敲敲打打,声音"嘚嘚嘚"的甚是刺耳,也很闹心。如果是平日,我早就恼怒地对爸爸说:"阿爸,你可不可以安静一会儿,让我把功课做完?"可决心要练好普通话的那段日子,无论爸爸的敲打声多么刺耳,我都仿佛听不见,心无旁骛的模样让爸爸都甚感欣慰。家里有客人来的时候,他就会喜滋滋地对别人说:"我女儿正在练习普通话呢。"

由于我的拼音基础差,朗读的时候极其艰难,舌头仿佛打满了结,磕磕绊绊的极不舒服,也没什么乐趣可言。可心里就是不服气,想着一定要把普通话说流利一点儿。

终于,一个月之后,语文课上,我再次被点名起来朗读。那一次,我明显感觉到自己的发音标准了不少,一小段内容被我很流畅地读完了。

在此过程中,课堂上虽然偶有杂音,但总体还算安静,也没有同学像上次那样捂嘴偷笑了。我读完后,老师没有表扬我,但也没有说什么不好听的话了。我承认自己的普通话跟那些播音员相比还是相差甚远,但比起过去,我还是有进步的。有进步的自己,当然比以前的自己好多了。

2

"滴水穿石",这四个字自古以来就是颠扑不破的真理。

所有大的变化,都不可能一蹴而就,而是循序渐进,通过不断地累积叠加进而发生质变的。

我从2013年开始尝试写作,但毕竟学的不是中文专业,而且之前最多写写日记、随笔之类的文字,完全没有尝试过写完一个完整的、有脉络的故事。刚开始写时,常常是写了一半就写歪或者写不下去了。不仅如此,写出的语句还非常拗口,发出去的稿子基本是逢稿必退。有一个杂志社的编辑甚至叫我别写了,说我写也写不出什么好文章来。

当时我很生气,也有点灰心,但从未想过要放弃。也因为是真的喜欢,所以才会屡败屡写。终于在2014年的夏天,我迎来了自己写作路上的第一缕曙光,我的稿子被某杂志选中,此后每期都能在这本杂志上发一篇稿。

及至现在,我已经在国内许多一、二线期刊发表了不少稿子,虽然还不能说成绩卓著,但是比起刚写作的那时候,我认为自己已经进步不少,至少已经看到了某种可能性,我想我有机会在这条路上走得再远一些。

哪怕我们努力了,到最后还是一无所成,但只要今天的自己比昨天好，那么我们的明天就有可能会更好。如此一来，不也值得举杯庆贺吗？

3

到底怎样的状态才是最好的自己呢？

是足够漂亮，一笑倾城、再笑倾国，万般风韵惹人怜吗？

是足够有钱，心想事成、要什么有什么的称心如意吗？

是足够受欢迎，高朋满座、干什么都有人帮的热闹吗？

如果按这个说法，世间百分之九十九的人都是失败者。

失败和成功有时候是不太好评定的词语，得看每个人对自己的要求。虽然成功源自不断的进取和渴望，但如果一个人不知道满足，也是挺可悲的一件事。

早年认识一个女孩，总是嫌弃自己长得不够美，于是去整容。她先是割了双眼皮，效果看起来还不错，眼睛变得又大又有神；不久，又有人说她鼻梁不够挺，一番思量之后，她开始接受玻尿酸注射；然后一不做二不休，干脆做了永久性眉毛和嘴唇，就算不化妆，也可以有漂亮的眉毛和如同涂了唇膏的嘴唇。

半年做一次微整容的她，外表确实要比真实的年纪年轻许多，但变美需要钱，也是一个无底洞。比起一年至少几万块的美容成本，那种完全无法停止的欲望才叫她苦恼。为了"做最美的自己"，她不得不一次又一次地往医院跑，在那种无法满足的欲望里沉沦着。

其实，她割了双眼皮之后，在别人眼里已算得上美女，她就此打住就是最好的结果了。但她并没有，她在追美的路上从未有过满足，才导致了今天这种有些遗憾的局面。

人一旦被欲望控制，心就不再自由。不懂得节制和满足的人，因为想得到得越多，到最后反而离自己的目标更遥远了。

4

很多人内心深处都曾渴望做到极致，但理想有多高远，现实就有多残酷。很多人会因为现实离理想甚远而感到彷徨和无助，以致郁郁寡欢，惶惶不可终日。

其实，一种最容易让自己有成就感的方法就是，当你觉得自己一无是处时，不妨在每晚入睡前稍稍审视一下，今天的自己是否跟昨天有所不同，与去年今日的你相比，是不是有了进步。如果有，说明你就是一个有上进心、有目标的人。

如此，当风来时，风就会把你想要的吹到你身边。

不必妄自评定自己是否失败，只要今天比昨天好，你就已经做到了最好的自己。

你若盛开，
清风自来

1

有个读者跟我说，她读高中的时候，因为一些生活上的小事，没控制好自己，和生活老师大吵了一架，不但被生活老师调到别的寝室去，还给别的老师和同学留下了很不好的印象，也在她心里留下了阴影。

上大学之后，她的人际关系也没有变好，同学们都不喜欢跟她玩，甚至连同寝室的女伴也联合起来排挤她。她现在可以说是处于孤立无援的状态，日子非常难过。

她问我：我到底该怎么办？

还没等我回复，她又给我发了一条留言过来：

"其实我知道该怎么做，我应该努力提升自己，让自己变得充实和忙碌，让被朋友冷落和排挤的失落的心情慢慢淡化。当自己的层次提升后，就会有新的变化和环境，也会有新的朋友。在处理新的人际关系时，不忘上一段友谊的教训，好好总结和反思，让自己变得优秀，到时就不会再迷茫了。"

看完这位读者的留言，我禁不住赞叹：真是聪明的姑娘。

在我看来，这位读者虽然有点迷茫，但其实心里很清楚自己想要什么，是一位理智的姑娘。

我喜欢这样的姑娘，我也相信她一定会处理好人际关系，走出迷茫。

年轻的时候，人际关系会是相当一部分人的困惑，他们敏感、脆弱、内向，凡事小心翼翼、草木皆兵，要不然就是张牙舞爪，嚣张得让人生厌。有些人很着急地想要改变，但有些人却能坦然处之，经过岁月的洗礼之后，慢慢变成熟。我觉得，这才是对待人际关系困扰的正确方法。

2

其实很多人都曾经有过被歧视、被排斥的经历。

我的一个女同学，经营着一个运输公司，管理着几百名员工，事业非常成功。有一次她说："读初中的时候，很多同学都看不起我，笑话我长得丑。特别是有一位女同学经常联合别的同学排挤我，有一次明明是她自己不小心把钱包落在了床底，却死活说是我偷的，我一辈子都记得这件事。"

她说的那位女同学我大概知道是谁。年前同学聚会的时候，就坐在她的对面。她们虽然只隔着一张桌子，却都没有和对方打招呼，只是目光偶尔遇上时，相互微微一笑。时光那么静谧，旧时的情分当然还有，却也没有什么值得热情去寒暄的地方了。

说起我这个女同学的创业经历，真是艰苦曲折，令人动容。她是完全靠自己的勇气和力量白手起家的。她毕业后进了一家报社的发行部门，负责报纸的发行工作。由于她只有中专学历，人长得也不漂亮，衣着打扮也是土里吧唧的，刚开始时，同事都看不起她，不愿意教她，甚至她去跑业务时，客户也不是很待见她。

同学想，别人越是看不起，她就越要有出息。抱着这样的信念，她越挫越勇，被拒绝了一次就再来第二次，第二次不行接着干，那种不怕吃苦的精神和坚持打动一个又一个客户，她的业绩很快就跑到了部门的第一位。后来她看到运输行业大有前景，便索性辞了职，搞起了运输，很快就混得风生水起。

同学说："从来都没有人可以一帆风顺，也难免会碰上喜欢拜高踩低的小人，被人看不起和排挤，有时是因为对方素质太低，有时却是因为你自己太弱。遇到素质低的人，我们要做的就是不理不睬，大步往前走，直到对方再也追不上你。当你的生活越来越好，层次越来越高时，你根本就不再在意别人的目光，也不会刻意去想从前那些备受歧视、苦哈哈的日子了。一个人，最重要的就是向前看而不是困在这痛苦的回忆里裹足不前。对于那些曾经伤害过自己的人，不必刻意去记住，也不必刻意去原谅，不要让他们影响了自己的生活才好。"

我想，这才是她们聚会时，没有热情地寒暄也没有冷面相对的原因吧。时过境迁，想必那位冤枉她的女同学早已忘掉当年的那桩往事，而那位老总女同学，虽然还记得，却觉得没有必要旧事重提，败了大家的兴。没有仇恨，也没有原谅，就像当年什么事也没有发生过，更没有打算参与到对方的未来中去。

就像最熟悉的陌生人。

我想，这就是对待不愉快的人和事最好的方法吧。不刻意记恨，也不轻易握手言和，顺其自然，一切都交给时间去处理。当一个人达到一个更高的层次之后，无论是眼界还是思路都会开阔许多，前方美景如画，根本就没有时间去和别人斤斤计较和缅怀从前的不幸。

3

在20世纪60年代，美国航空局决定要进行载人飞船绕地球飞行的实验。三位非洲籍的美国数学家受到美国航空局的邀请，进行技术支援。

这三位皮肤黝黑的非裔数学家雄心万丈地踏进了美国航空局的大门，进入了一片由白人科学家统治的高科技领域地带，但她们还没来得及高兴，就发现自己陷入了可怕的种族歧视当中。高高在上的白人同事们觉得和黑人一起工作是一种侮辱，对非白人那种深入骨髓的歧视让他们开始仇视、故意刁难这三位黑人同事。把重要文件的内容抹去，甚至不让她们和自己用同一个洗手间……有一次，天下着瓢泼大雨，其中的一个黑人数学家Catherine冒着雨，跑到另外一个专门为她们三个而设的洗手间方便，回来后却受到白人上司严厉的批评，问她为什么要擅自离开工作岗位。这个时候，已经忍无可忍的Catherine终于爆发了，控诉他们不该如此对待她们。

这也是她们唯一的一次控诉和爆发,在其余的时间里,无论被人如何为难,她们都默默地承受了下来,不争辩,不哭闹,不控诉,用出类拔萃的才华让质疑者闭嘴,用真诚、努力感动了周围的同事。最后当她们终于协助宇航员约翰·格伦成功地完成绕地球轨道飞行的任务时,所有人终于为她们所折服,从前那些歧视排挤过她们的白人同事们纷纷主动过来示好,并由衷地尊重她们。

而她们,也终于赢得了这一场有关于种族歧视和排挤的仗。

这件事,也被翻拍成了《隐藏人物》这部电影。

普通人被排斥是很正常的,甚至很多名人在出名之前,日子也不好过,也曾受过无数的白眼和冷落,但熬过去了,便是山重水复疑无路,柳暗花明又一村。

当我们受到排斥的时候,不妨先检讨一下自己,如果是自己的问题,那就改变;如果是别人的问题,那也不用急于去和排斥你的人握手言和,沉淀下来,默默地努力,做好自己之后,自然就会赢得别人的喜爱和尊敬。

4

有句话说,你若盛开,清风自来。是的,做好自己之后,过去困扰自己的人际关系就会荡然无存,因为忙着做自己的事,也根本没有时间去纠结别人喜不喜欢自己。

这个世界,只要你够坚强,就没人能伤害你。伤害你的,很多时候只有你自己,最爱你的,也只有你自己。

汉代的扬雄曾说过这么一句话:"人必其自爱也,然后人爱诸;人必其自敬也,然后人敬诸。"意思就是,人必须自爱才能被爱,人必须自重才能受到尊重。我想,人肯定也必须遗忘,才能走向新生。不必急着与过去和解,要一直往前走,再也不回头。

你的思维和眼界，
决定了你的格局

1

  我们部门是搞外销的，工作基本以外语为主，所有在职人员，多少也懂一点英语。后来公司新调来一位总监，但听说一句英文也不懂，完全无法跟外商沟通，出行必须带着翻译。

  历来，"空降兵"的工作都不太容易开展，对新领导的不理解和莫名其妙的敌意，很容易让老员工生出对抗的心理。加上他连英文也不会说，有些资深老员工便抱着看好戏的态度，想看看这位不懂英语的新领导如何打开目前工作的局面。

  新领导上任后，并没有采用和之前的老领导一样"天天一小会，每周一大会，一月一次部门大总结"的工作模式，他到任的三个月,只开了三次大会,其他的时间,天天往供应商那边跑,然后偶尔召集各部门的头儿开会,讨论降低成本的问题。

两个月之后,公司产品最新的报价出来了,整整比原价低了百分之二十,接近行业中低等的价位。新价格一报出去,销售们都乐疯了,因为客人对新价格非常满意,订单如雪花般飞来。

其实,成本问题几乎是所有商家的烦恼,国内的供应商们为了迎合市场和客户的需求,总是千方百计去进行降低成本,既伤人又损己,有时候根本降无可降。

所以,当新任总监在短短两个月就把价格降低了百分之二十,并且承诺不会降低产品质量的时候,公司上下都震惊了,都不知道他是怎么做到的。

新价格甚至在行业内也引起了不小的轰动,因为我们公司规模本来就大,把价格降下来后,基本就没有多少家企业能与我们媲美了。

经此一役,所有人都对新总监刮目相看,再也没有人说他英语不好了。

其实,对于营销管理而言,语言不过是一种工具,真正起作用的还是个人的思维方式和做事的风格。如果思维不好,格局不大,就算懂得八国语言,也不一定能干成什么大事来。书读得再多,但如果思维方式不对,还是无法冲出自己的阶层,改变自己的命运。

2

郑渊洁是我国著名的童话大王,他笔下的童话故事生动有趣,卡通人物形象栩栩如生,特别是皮皮鲁和鲁西西两兄妹,不知道给"80后"的童年带来了多少的乐趣。

郑渊洁成名许久,后来一度消失在热闹的网络当中,直到今年年初,才又重新走进大众的视野,并且引起了一阵不小的风波,原因是他坦言自己在北京有十套房子。

原来,早在20世纪80年代末、90年代初的时候,写作事业如日中天的郑渊洁每天都会收到大量读者的来信,最多的时候,每小时的来信以千封计,以致北京市邮局专门为他设立了一个邮箱。

后来来信越来越多,多到家里都装不下了,他又无比地珍惜这些读者的来信,于是决定买房子来安放保存这些来信。当时北京的房价每平方米是1400元,郑渊洁索性一次性买了十套。

一次性买十套房子,无论财力还是胆识,真不是一般人可比。

按一般人的思维,最多也就多买一两套,然后把钱存在银行,稳稳当当地过自己的安乐日子。一次性买十套，有这种眼光的人，活该他们有钱。

近几十年来，房地产不断升值，钱存在银行里并不太保值。所以有钱人的思维就是，手里有钱，马上拿去投资，然后钱生钱，雪球一般越滚越大。

现在，北京的房价早已发生了翻天覆地的变化，郑渊洁的这些房产，价值已经翻了十几二十倍，大部分都变成了学区房，成了许多奋斗在北京的人可望而不可即的梦想。

也许有很多人认为，郑渊洁今天的财富来得实属意外。但是我想，当年也有不少人是有钱买得起房子的，可因为种种原因，就是没有买成，错失了买房的最好时机。

那些人，错失了买房的机会，也有可能会错失别的机会，但凡需要做出慎重决策的事情，犹豫的人会一直犹豫，果断的人什么时候都那么果断。

在思维上畏首畏尾的人，总是该买的没买到，该换的没换，该做的又鼓不起勇气，几年后，只能对着别人的风光望洋兴叹了。

郑渊洁幼时家境贫寒，文字改变了他的命运，然后他又用自己超前开阔的思维，改变了他们一家人几辈子的命运。

所以，对于有钱人来说，工具绝对不是他们致富的关键，思维和眼界才是。

3

我学英语的时候,老师问我们:"同学们,你们是为了什么学英语?"

同学们纷纷回答说:"是为了找一份好点的工作。"

"为了帮外国人做翻译。"

"为了更好地和外国人做朋友。"

老师打断大家的发言,说:"你们说得都有道理,但是也不全对。我们学外语,应该是为了更好地和外国人沟通,跟他们做生意,甚至改变世界对中国的看法。"

看,这就是思维狭窄的人和有格局的人之间的差别。

前者就算掌握了某种很厉害的技能,但是由于思维的局限,对前途未必有什么远大的抱负,只想着去给别人打工,旱涝保收,饿不死,也发达不了。

但是对于思维开阔的人而言,技能只是他们的工具,他们的理想是朝着更大更远的目标奔去,成为靠脑子吃饭的决策者和制定规则的开创者。

如果我们看看四周,就会发现很多牛人虽然是技术出身,但他们从不会满足于掌握一门单一的技术,也不会单凭一技之长就能赚到很多钱。

有人一辈子只安心做一个工匠，喜欢躲在自己的小天地里自得其乐，但有的人却想做那条跃过龙门的鲤鱼，一头扎进大江大河里，成为一条猛龙。

眼界不同，引起目标的差异，导致了思维的不同，然后每个人得到的世界也有大有小。

所谓思路决定出路，观念决定方向便是如此。

4

要想拥有高于常人的思维和格局，我觉得以下几点会有所帮助：

一是多读书。读书能使人明智，懂得分辨是非，也可以提高一个人的思辨能力。

二是多去旅游。旅游是认识新朋友的绝好机会，也很容易接触到新鲜有趣的观点，见过世界，才能认识世界。

三是和有见识的人交谈，尝试理解他们的想法，站在他们的角度来思考问题，绝对会有全新的感受。

四是努力工作，提升自己，为自己创造和牛人接触的机会。只有见识过别人的牛气，才会看到自己的不足之处。

我们也许能通过培训让自己掌握一门手艺，但格局和思维却不是那么容易习得的。它与个人的出身和生活环境、人生经历有关。

小地方有小地方的特色，大城市有大城市的特点。

拥有一技之长，虽然可以让人衣食无忧，但要想站得更高，看得更远，靠的还是开阔的视野和超前的思维格局。

充满希望的人生，
一往无前

1

刚开始做公众号的时候，为了提高文章的点击率，有时我会在朋友圈里高呼一句："欢迎各位朋友点击和转发。"

如果朋友圈中有人帮忙转发，我就很高兴，觉得这些人真够朋友；如果没有人转发，我不免会有点失落：哎，作为朋友，难道不应该帮我转发，支持我一下吗？

有一个朋友，我跟他的交情还算可以，因为他有4个微信号、将近两万人的强大朋友圈，于是我就去请求他："我文章点击率那么低，你可不可以帮我转发一下？"

在我看来，那不过是举手之劳而已，我们交情那么好，他应该支持我，他甚至可以在一天之后就把文章删除。我以为他一定会痛快地应允。然而万万没想到，朋友居然一口回绝了我，说不转。

我无比失望地问："为什么呀？"

朋友毫不留情地说："我很少帮别人转发。"

我更加失望了：我们是朋友，帮我转发一下，文章阅读量也许能翻倍呢。

然而无论我怎么说，朋友就是不发。我恼羞成怒，若是旁人，不肯也罢，可是我跟他交情那么好，他居然也不愿意帮我一下，这样的朋友，我还要来做什么？

有一段时间，我对身边所谓的同学和熟人感到很失望，心想，努力果然是很私人的一件事，旁人是没有义务也没有那份善心去帮别人完成目标的。既然这样，以后对别人还是少点期待吧。

所以，从此以后，我再也没有叫别人帮我转发过文章了，反正就抱着"你爱看不看，觉得好就帮我转，不转也没有关系"的心态继续写文。我赌气地想，虽然身边的朋友不帮我转，但我相信还是会有陌生的读者喜欢我的文章，然后分享给别人的。

随着文章在大平台曝光的次数越来越多，我后台的读者数量也越来越多，文章点击量虽然与大V号的点击量相差甚远，但也在逐步提高，然后稳定在一个并不算太低的数字上。这个时候，我反而不太注重点击量了，心里只是在焦虑如何才能写好文章，回馈那些喜欢自己文章的读者。

相比从前，我更喜欢自己现在的心态，觉得这才是一个写作者最端正的态度。如果要问我，写文章给我带来了什么收获，我觉得就是，人要学会对自己充满希望，然后看淡对别人的期望。

2

其实每个人的心中都有没有达成的心愿和目标，每个人都想得到旁人的帮助，只是有些人不喜欢给别人添麻烦，有些人则早已经深刻了解人性的善与恶，明白在还没有成功之前的梦想，很多时候是得不到祝福的，有时还会引来无端的非议和嫉妒，被人嘲笑。然而我想，为了达成自己的目标去麻烦别人，其实真的是一种很自私的行为。一个人，若是可以安安静静地为自己的目标去努力，始终保持着一种热忱，那定然可以慢慢地感染周围的人，让对方主动地为你呐喊加油。

我很喜欢我一个朋友，她是那种无论做什么事都很低调、安静的人，很少为了一些小事就动不动去麻烦其他人，我从来没有见过她在朋友圈里拉选票、求点赞。她也喜欢写文章，也经营着一个公众号，但是从来没有主动叫别人转发过。有些人为了出书、让自己的文章上大号，喜欢向别人要编辑的微信号，其实这也是一种资源，有了这些资源，机会也许会更多一点。但是她从来没有主动伸手向别人要过。有一次，我跟她在聊天，她提到很想给某个大号投稿，但是只有投稿信箱，编辑的回复很慢，让人心急得不得了。我便建议她说："××是那家大号的专栏作者，他应该有编辑的联系方式，要不你问问他？"

朋友拒绝了，说："不，我从来不问别人，问了别人也未必肯给，我还是自己摸索吧，等文章被转载得多了，想加哪个编辑，自然能加上。"

因为喜欢她，我便很主动地介绍了一个大号编辑给她，凭她的能力，她是可以的。面对我的热情，朋友依旧很淡然地说："谢谢你，但是我想，我还是等文章写好了再去加她，不然就有点唐突了。"

这就是我对她深表佩服的地方，很安静，很从容，很有分寸感，仿佛自己的事情和目标与旁人无关，也不想去麻烦别人。她是活得比较淡然和通透的人。

我一位很成功的企业家朋友曾经说过这样一段话：

"如果决意去做一件事，不要公开宣布个人的目标，只管安安静静地去做。因为那是你自己的事,别人不知道你的情况,也不可能会帮你实现梦想。千万不要因为虚荣心而炫耀,也不要因为别人的一句评价而放弃自己的梦想。"

对于他的这番话,我真的是深以为然,也更加懂得了,人,必须自度,才能度人。不要总是奢望得到别人的帮助,但不要忘掉去帮助别人,这样活着,日子才会比较快乐和问心无愧吧。

3

我爸爸年轻的时候,是一个有很多朋友的人,他们经常来家里看爸爸,跟爸爸聊天。有几个看起来特别牛,每次来我家,都跟我爸爸吹得天花乱坠,拍着胸口说有事尽管找他们帮忙,听起来真的很大方、很仗义。爸爸对他们也很有信心,也总是跟我和弟弟说,日后假如有什么事,他们一定会出手相助的。

终于有一次,家里要建新房子,想把旧房子拆掉重建,但是因为老房子是三十年前跟熟人买的二手房,买完之后,因为资金不够,便没有去国土局进行房产变更,一直拖到现在才处理。

去国土局一问，要完成过户手续，就要按国家规定补交每平方米500元的税款，我们家一共有150平方，那就要补交75000元。爸爸有点舍不得，便找他一个朋友商量，问他有没有更好的办法。爸爸的朋友拍着胸口说："放心，包在我身上，你只要给我两万块，我就能帮你把事情办妥！"

爸爸对朋友深信不疑，觉得对方一定能帮他把这件事搞定。没想到的是，他的朋友拿了我们的钱，就再也没有出现过了。后来经过多方打听，才知道那个人早已欠了一身债，正到处被人追债呢。我们家的那两万块，多数也是被他拿去还债了，到现在都没能追回来。

毫无疑问，爸爸就是交友不慎，被人骗了。至于他为什么会被骗，就是太相信朋友，对朋友期望太高了。

另外就是，爸爸对自己没信心，不相信凭自己的能力就能把事情办妥，所以才会拜托别人帮忙。其实那件事，就应该按规矩来办。

爸爸很是失落，因为他不但丢了两万块，还少了一个朋友。他说，早知道当初就老老实实地去交钱，也不要想着去找谁帮忙，事情就不会变得这么糟糕。

4

我发现,越是经济落后的地方,就越喜欢"讲关系",做事情就越喜欢找别人帮忙。反而是经济越发达的地方,人情味越淡。也就是说,大家都比较独立,都不太喜欢也不敢对旁人有太多的期望,也不喜欢别人对自己有什么期望,大家都很淡然地相处着,各安天命,自己的事情自己做,自己的理想自己奋斗,自己的喜怒哀乐也要自己品尝。

我想,这才是生活真实的面目吧,尽管听起来有点冷漠,但是能让人安静独立,因为,对自己充满希望才能一往无前,忘掉对被人的期望才能生活得淡然。

最低谷时，
我最努力

1

有一个早上，我不小心把手机摔地上了，娇贵的屏幕瞬间裂开了无数道口子，看不了信息也打不了电话，唯有马上去换屏幕了。

这块屏幕花了我六百块，本来换屏之后我打算给手机戴个套，但是刚好那天没看到合适的，便想着网上买算了。

第二天，我下楼去收快递，一边看手机一边走路，邻居家的黑猫突然不知道从哪个角落窜了出来，如同魔鬼的影子，把我吓了一大跳。我手一震，手机又"啪"的一声掉地上了！

我把手机捡起来，新换的屏幕又成了干旱天时开口的土地，一道道的裂纹代表着我此时的绝望。

抓狂的我，只好让自己强行冷静下来，打开电脑，先处理一些重要的事情再说。没想到一打开QQ，竟然同时收到两家杂志社编辑发来的消息，说之前的投稿没通过终审。

一瞬间，我觉得天都要塌下来了，胸口闷得快要炸裂，我赶紧跑到阳台，深呼吸了几下，胸部才没有那么难受。

倒霉的事情好像远不止这几件，几天之后，公安局通知我，因为某些资料不过关，我的户口迁移暂时办不了，要等一段日子；然后接下来的半个月里，无论我投什么稿都会被退回来，我有多努力，就有多失落。生活忽然由原来的一帆风顺变成了一波三折，挫折接踵而至，把我弄得晕头转向，差点找不着北。

太累的时候，我甚至想过放弃，不再写稿了。有一天我甚至赖床赖到下午三点才起来，心里想，如果不需要努力，生活一定很轻松吧，浑浑噩噩又一天，什么也不想，多好。

可是我是不愿意过这种生活的，我不愿意自己一无所有地老去，然后变成一个除了皱纹什么也没有的老人。

生活如此艰难，但还是要过下去。手机屏幕破了，换就是，最多买好一点的手机套，以后尽量小心点；户口暂时迁不了，那就等等再去办；稿子过不了，那就接着写，总有一篇会过的。

尽管我心里满是疑问和不确定，一脑子的悲观和抑郁，但还是强迫自己坐到电脑前写稿，写啊写，又过了几天，一篇稿过了终审，然后第二天又接到一封过稿邮件，编辑给我留言称赞我写得不错，虽然只是只言片语，但已经是一种无与伦比的温暖和激励。

2

我有一个前同事，曾给我留下了很深刻的印象。那位同事年龄与我相仿，长相是肤白貌美，总是化着得体的妆容，穿着漂亮的衣服，犹如一朵迷人的白牡丹。

有一次，我跟她一起出差，白天我们各自忙活，晚上回头一起休息。第一天一切都正常，到了第二天晚上，她忽然崩溃起来，在电话里吵得天翻地覆，言辞激烈，往昔的优雅荡然无存。

打完电话，她扑倒在床上哭了起来。一问，才知道是老公爱上了别人，吵着要跟她离婚。

她泪流满面、头发凌乱地呆坐床上的样子惊到了我，我简直不敢将她现在的模样与白天的美艳联系起来。

那一晚，我没睡好，只听见她不停地翻来覆去，若有若无地抽泣。我不由担心地想，她明天还能起来去见客户吗？

谁料第二天一早，我醒来的时候，她已经开始化妆了，神情没有一丝的不妥。我洗漱完毕的时候，她已经收拾妥当，踩上十寸高跟鞋，飞奔去见客户了。

那几天，女同事一到晚上就跟我絮叨她那不幸的婚姻生活、出轨的老公、患了绝症的爸爸、读高中处处都要花钱的女儿，以及一直停滞不前的工作，无论怎么用心跟进都不会下单的客户……光鲜亮丽的表面之下，竟然是满目疮痍。

我同情地说："要不，你先请假休息几天？"

同事摇摇头："我不能请假，这种时候，我要更加努力工作，不然客户把单下给别人，我没了工作时候，老公没了，女儿读书要花钱，爸爸治病也要花钱，那岂不是更惨？"

同事的无奈让我觉得心痛，但我更佩服她的倔强和坚持，大概就是那种越是低谷之时，就越要努力的感觉吧。我也相信，这样努力的她，一定会走出低谷，迎来艳阳天的。

人是不会一直处于低谷之中的，我无比笃信这一点，并非是要强行灌鸡汤，因为事实就是如此，你只要一直做一直做，用心地去做，就一定会有收获的。低谷之时，难免泄气，放弃是很容易的事，如果再不为自己鼓劲儿，那离失败就真的不远了。

3

我们很多人都有过这样的体验：

昨天晚上没睡好，早上起床的时候就会觉得筋疲力尽，心情会变得低落与烦恼。你不想上班，觉得一晚没睡好的自己，脸色肯定很憔悴，说不定丑爆了。但因为心情不好，你百无聊赖什么也不想干，于是你就会产生一种破坛子破摔的想法，妆也没平日化得那么仔细了，随便抹两下脸就匆匆赶去上班。因为觉得没有化妆的自己好丑，所以连头也不敢抬，又因为心情不好，结果一整天干什么都没有劲头，错误百出，忧烦一天。

宅在家里的时候，人的状态就更随意了，脸不洗，头不梳，妆不化，连镜子也懒得照，觉得自己面目可憎，不想见人。宅在家里时间越久，人就会越懒惰，就会越丑，整个人的精神面目都会变猥琐，难怪"宅男""宅女"渐渐变成了一个贬义词。

但是如果我们选择了在早上起床的时候，把脸收拾得干干净净，穿上漂亮衣服，就会有一种焕然一新的感觉，你就会想出去走走，或者干点什么事，一旦变得忙碌起来，所有的不悦和挫败就会一扫而光，人就会变得格外有冲劲儿。

我把这种感觉称之为"光晕效应"，当一个人陷入低谷的时候，跌坐其中，只会让人的处境越来越差，当你放弃了走出来，你就有可能再也走不出来了。但是当你跌倒后,迅速站起来,并且不停地努力,就一定能找到走出去的方法。

著名童话作家王尔德曾经说过:"我们都生活在阴沟里,但仍然有人仰望星空。"阴沟阴暗多潮湿,星空璀璨明亮,在阴沟里仰望星空,那是陷入低谷时一个人的希望之光,虽然遥不可及,但总能带给人们希望,预示着仿佛只要走出阴沟,就会离星光更近,前面的路也就更光明。

跌进低谷的时候,我最努力,也愿暂时在阴沟里跌撞行走的你鼓起勇气,勇敢地往上爬,就会看到更加明亮的星空和更开阔的大路。

坚持
才能看到更美的风景

1

我做过的半途而废的事情实在是太多了。

第一份工作的老板是一个阿拉伯人,于是我就去学阿拉伯语,结果是兴冲冲而去,败兴而归。因为阿拉伯语实在是太难学了,发音难不说,写起来还像画画一样。我上了一年课,三天打鱼两天晒网,越上越无味,第一期的课程结束后,我便果断地弃课了。到现在,除了会说"你好""谢谢""我的名字叫××"之外,连阿拉伯语的字母都不记得怎么写了。

我的第二份工作是外贸业务,当时手上有好几个日本的客户,为了让工作更加顺利地开展,再加上对日本动漫也有点着迷,便被鬼迷心窍一般，冒着雨去日语培训中心交钱报名，从此之后，开启了长达一年的日语学习期，一星期上两天课，后来又交钱上了北外的一个日语教授的课，但是上完课之后根本没有复习，学过的内容很快就忘个精光。到了后来，也就不了了之，彻底放弃了日语。现在，我连五十音图也读不完。

我还学了几年的钢琴，为此还下大本钱买了一架钢琴、许多与音乐相关的书。刚开始时，我还能坚持一星期上一节课，每天坚持练习一两个小时，但练琴的枯燥无味很快使我失去了兴致，成年人学习钢琴本身就没有多大的动力和毅力，不过是冲着那悠扬动听的琴声而去，统统恨不得学习一个两个月后就能即兴弹奏，艺惊四座，哪里可以像小孩子一练就是十年、二十年。成年人有时候心里太浮躁，很难把心静下来，坚持不懈地去做好一件事。总之，也不记得从什么时候开始，我的钢琴就蒙灰了。

我还在某健身中心办了一张年卡，在某舞蹈中心学了一阵子的肚皮舞，但都是上了几节课后便觉兴趣索然，然后无疾而终，除了浪费钱之外，便再无所获。现在我又迷上了国画和书法，也不知道能不能坚持下去，但是目前已经处于一种"心血来潮了就画两笔，没耐性就扔一边"的状况，现实也是不容乐观。

在未来的日子里，我也不知道自己还会迷上什么，但是我确定自己无比地向往所有美好的东西，也许是插花，也许是游泳，也许是种花,时时保持着一颗追求美和真相的赤诚之心,直到老得再也折腾不动。

也不知会不会有人如我一般,在过去的生活里,有过许多想法,做过许多事情,看到什么都会喜欢,都想写,可大多数都没能坚持下来,到最后,回首以往的时候,才发现,除了光阴匆匆流逝,身边人事变迁,能沉淀下来的,真是少之又少。

2

但是,回首过去的时光,有一件事,我还是坚持下来了。

那就是写作。

但是关于写作这件事情,我要审慎许多,我从18岁开始想,一直到差不多30岁才开始动笔写,这中间的十年,听起来很漫长,实际不过是弹指之间。这个时间如果是作用到社会和别人身上,无疑是沧海桑田物是人非,什么都是巨变。我们看身边的朋友,十年也会有一个很大的变化。但是如果是表现在自己身上,那就是波澜不惊毫无建树了,因为我们大多数人,总会觉得自己除了变老,其实是没有多大长进的。这种"长进",与房、车和财富的数量有关,这个数量如果只是刚好满足日常生活所需,是没有办法给我们太多的满足的,真正让我们有成就感的，仍然是所谓的理想。理想实现不了，人难免就会痛苦。我就是这样，长时间处于一种"想写但不会写"的状态，眼睁睁地看着时光一点一滴地流逝，内心是焦灼的，也是茫然的，总觉得有一股深情无处诉说，一种痛苦无人可诉，有时候想想未来，便有一种两眼一抹黑的感觉。

后来，我终于还是动笔了。开始向杂志投稿，写各种狗血的故事，经常被拒接，甚至被编辑嘲笑，但是就是没想过放弃。慢慢地，我的文字开始被很多杂志采用，今年年初干脆辞了工作，专职在家里写作，虽然赚的暂时没有上班时的工资多，看起来也还是很迷茫，也许一辈子也写不出像《三体》《活着》那样的小说，但养活自己至少是没有问题了。我想，这也是自己这辈子唯一有所成的事情了吧！

写作其实也算是一个兴趣爱好，但是自己曾经有那么多的兴趣爱好，为何独独写作这个爱好坚持下来了呢？现在想来，无非就是足够喜欢，才能一直坚持而已。至于其他的爱好，虽然也喜欢，但其实只是三分钟热度，来得快，去得也快。

也印证了，当一个人真的很想去做一件事，其实不用等，动手做就好了，刚开始时也许会很难，但是坚持下来总是会进步的，滴水穿石，总有一天，我们会收获丰盛的果实。

3

所以,万幸自己这辈子总算没有虚度。

以前我曾在心里暗暗看不起那些每天拼命读书但成绩依然不好的同学,觉得他们不过是死脑筋。现在我不这样想了,因为人生事,大部分是平常事,大部分的成功都不过是咬着牙齿吭哧吭哧地苦熬,一声不吭地努力,然后做得比别人好一点而已。

其实,无论是钢琴还是美术,还是插花甚至是自己的本职工作,只要能做得比一般人好,我认为就已经很好了。把钢琴练到八级、十级,达到演奏那样的水准,把画画得可以拿去换钱那样的境界,插花插到可以去培训的地步,无论哪一种,如果可以达到专业的水平,使别人愿意花钱买他的劳动,那么,这个人就是成功的。

专业人才当然能受到别人的尊重。这个世界本来就是流行专长的,通才当然最好,但是那样的人,凤毛麟角,少之又少。能把一件事做好,已经很不简单了。

比如弹钢琴,从七个音符开始练,每天要重复练习各种音阶,其实是极其枯燥无味的,很多小朋友都是被家长拿着棍子强迫坐在那里练的,日复一日,甚至年复一年,那种艰难苦涩真的叫人只想逃跑;比如画国画,要从线条开始练起,长线条、短线条、曲线，光是染色也要染十几二十遍，一幅画，简单的一个星期，复杂的一年，如果不是特别有耐性的人，铁定是坚持不下去的，能坚持下去的，都会有不俗的表现。

这种长时间的坚持，其实就是一种很了不起的自律。

一个人愿意过那种"自律"的生活是好事，但是如果可以一直自律下去，什么困难都会给你让路。

4

世界很美，人生太多彩。我们每个人都渴望把自己变成一个有趣的人，所以很贪心地去把喜欢的尝试一遍。其实这样也是可以的，因为也只有这样，你才能知道自己真正喜欢的是什么，才会真正静下心去做自己喜欢的，然后咬紧牙关，坚持下来，才会离自己想过的生活越来越近。

人生是一场马拉松，坚持才能看到更美的风景。

人总要有一技之长，
比读书更重要

1

周杰伦3岁开始学钢琴，从小就表现出了惊人的音乐天赋。

上了高中以后，同学们都在积极地备战高考，唯独他，沉迷在音乐和钢琴里不可自拔，到最后，没能考上大学。

在当时的台湾社会，一个普通家庭出身的孩子，最好的选择就是学习数学、自然科学和计算机，以便日后找份好工作谋生，而音乐则是有钱人的奢侈品。周杰伦从小父母离异，生于单亲家庭的他，理应更明白这个道理。可是他没有，他只是一味地沉浸在这种与生俱来的兴趣爱好里。

考不上大学，他只能到餐厅里打工。在很多人的眼里，这样的周杰伦，前途是何其渺茫，一个做着音乐梦的餐厅服务员，光是听着就觉得够不切实际的了。

虽然工作很烦琐、无聊，但周杰伦对音乐的爱却有增无减，每次发了工资，就往音乐超市里跑，几乎把所有的钱都用来买了磁带。

后来餐厅老板为了招揽客人，买了一架钢琴回来，准备请琴师弹奏。从小就会弹钢琴的周杰伦，忍不住手痒，便偷偷地弹起钢琴来。

这一弹，真是惊为天人，整个餐厅的员工都惊呆了，他们万万没想到，一个卑微的餐厅服务员居然还能弹奏那么动听的乐曲。

于是，周杰伦就再也不用回去端盘子了，而是穿着漂亮的礼服，坐在椅子上，文雅地弹着自己喜欢的钢琴给顾客听。

后来，周杰伦的表妹替他在当地一家电视台，由著名节目主持人吴宗宪主持的娱乐节目《超级新人王》报了名。当时也是音乐公司老板的吴宗宪让周杰伦表演了钢琴伴奏，虽然到最后这场表演还是砸了，但是他的音乐才华却得到了吴宗宪的赏识，并加入了对方的音乐公司。

到了现在，周杰伦已经成了亚洲乐坛的巨星，歌迷遍布世界各地，也获得了无数个与音乐相关的奖项。

他能编、能写、能弹、会唱,堪称全才。他的音乐才华,在当代的乐坛中,可以说是风头无二。

周杰伦有一次受邀在北大百年讲堂上发表演讲,面对着一众天之骄子,周杰伦半带玩笑地说:"我只是一个高中毕业生,没有考上大学,现在却能站在这里跟你们演讲,我觉得自己也算是成功了吧。"

在聊到自己的过去时,他说:"考不上大学没有关系,因为人总要有一技之长,比读书更重要。"

2

"人总要有一技之长,比读书更重要。"

对于周杰伦说的这句话,我真的是深以为然。

虽然他成绩不好,但是他钢琴弹得棒,因为钢琴弹得好,所以才有机会被发掘,然后走上音乐之路,才有了今日这般的成就。虽然他学历低,但从来没有人怀疑过他的音乐才华。对于一个在文学、绘画、音乐或者其他方面有出色天赋的专业人才来说,用"学历或者读书多不多"去衡量他们,无疑是狭隘的。人活在这个社会,最重要的是找到适合自己生存发展的道路和方向，而不是纠结书读得多不多。书肯定是读得越多越好，但是如果读书无法让你很好地生存下去，那么有一技之长，就变得无比重要了。

我闺密是个钢琴老师，从小到大的读书成绩很差，特别是数理化，基本没有及格过。但是她却对音乐很感兴趣，从高中起就开始学钢琴。闺密大学的时候很勉强地考了一个大专，在家人的要求和建议之下，她选择了会计专业。毕业后，她便进了一家小单位做了一名小出纳。一边工作，一边坚持练琴，慢慢地，钢琴就过了六级、八级，最后是十级。

见她钢琴弹得好，她的好几位邻居都把自己孩子托付给她，叫她教自己读小学的孩子弹钢琴。

闺密就这样多了一份额外的收入，她也乐在其中。后来，她干脆辞职出来，在家全职教起了钢琴，最忙的时候，曾有大约五十个学生跟她学琴。到现在，她教钢琴的收入已经可以稳定维持在月入万元左右，就算不去上班，也可以生活得很不错了。

闺密很享受当下的生活，既可以满足自己的私欲，又能赚钱养家，这样的工作，真的让很多人向往。

如果单凭闺密的学历，她是很难找到什么好工作的，但是她恰好有一技之长，而且是足够优秀的一技之长，就是凭着这样的专长，她成功地进行了跨专业的转换，过上了自己向往的生活。

对于一个没什么崇高理想的普通人来说，这也算是成功的一种吧。

3

在我老家，有一个很厉害的裁缝，他做的旗袍，工艺堪称一绝。很多有钱的富豪和阔太，都指定要他做衣服。他小学没毕业，很小就跟着师父学做裁缝了。到了20岁的时候，他已经成了师父店里的活招牌，人人都说他是青出于蓝而胜于蓝。就凭着这身本领，他不但养活了全家，还供两个儿子读完了研究生，然后帮他们在一线城市付了买房子的首付。他虽然也看书，但是看的都是与专业相关的书，人文类的极少，但这丝毫不影响他对生活的理解和融合。

也许正是视野上的"狭隘"，让他变得更加专业了。经他做出来的旗袍，针线和剪裁真的是一流，款式也好看，很受顾客的欢迎，甚至连本地的明星都是他的座上客。

这两年，他又收了两名学徒，都是老实本分读书却成绩不好的孩子。老匠人说，每个人的天资都不同，有些人可以通过读书改变命运，但有些人则不能，在这种情况之下，拥有一技之长就几乎成了一个人的生存之本。

有人不喜欢读书，但很会玩游戏，于是他成了专业的游戏玩家或者程序开发员；

有人不喜欢读书，但体育很好，所以他成了专业的运动员或者教练；

有人不喜欢读书，但琴棋书画样样好、唱歌跳舞都很精，于是他便在文艺方面得到长足发展，一样混得风生水起。

总的来说，这个社会更加欢迎拥有专业才能的人。一个人，也许他很会读书，读了很多书，但如果没法在某一方面拥有良好的专业技能，这样的人最终也只会沦为一个庸才。毕竟，出来工作五年以后，学历的光环和作用就会大大减弱，此时，拼得更多的是大家的能力和专业能力。

正如周杰伦所说，人总要有一样专长，比读书更重要，可以让你摆脱卑微的出身，减轻因为读书不多带来的遗憾，让你发光发热，成为一个有用的人。

4

　　严格来说，如果单纯只是读书，一个人是无法在书里找到黄金屋和颜如玉的，因为读书只能保证一个人的基本素养，如果想要摆脱平庸，得到更好的发展，就必须有比读书更厉害的招数，那就是培养自己的专长。无论是高深莫测的科学研究也好，让人心醉神迷的艺术也好，还是吃苦耐劳的手工艺人也罢，只要拥有了足以专业到可以赚钱的一技之长，就可以一往无前，走到哪里也不怕。

总有一些人，
活在我们没见过的地方

1

　　记得读小学三年级的时候，我六叔家突然来了台湾的亲戚。他们开着车，还配着一个私人司机，从台湾带了许多礼物给六叔家，有凤梨酥、巧克力、杏仁干等各式的点心，每一样都包装得十分精美，其中巧克力是费列罗牌子的，包装跟现在的一模一样，金色的锡纸摸起来咔咔作响，咬开外面咖啡色的那一层，里面还有一颗杏仁，吃起来口舌生香，回味无穷。当时我想，这肯定是世界上最好吃的食物了。

　　台湾亲戚有一个小女儿，是一个年约十八的姐姐，生得眉清目秀，一双大眼顾盼神飞，微卷的头发扎在脑后，走起路来微微摆动，我清楚地记得当时她穿着一套鹅黄色的连衣裙，衬得身上的肤色越发白皙柔嫩。我失神地盯着那位姐姐，心想："天啊，这肯定是世界上最漂亮的姐姐了。"

小学六年级之前，我们家还在农村，条件相当恶劣，周围都是农田和菜地，猪鸡牛鸭等各种禽畜自由活动，坑洼不平的泥路上，各种排泄物随处可见。

我以为那位姐姐一定觉得我们这里很脏，很恶心。可是姐姐却和气得让我吃惊，她主动过来跟我说话，问我家门前那片绿色的蒜苗是什么，叫我带她去屋子后面那片竹林玩。我们家的母猪生了一窝小猪，其中有一只特别孱弱，奄奄一息地趴在地上哼哼唧唧，身上落满了绿油油的苍蝇，人一靠近，就"嗡"地乱舞起来，连我自己也觉得恶心。

可是那位姐姐却双眼发光，兴奋地把那头又瘦又脏的小猪紧紧地抱在怀里，跟她们家的司机说："快点帮我和这头小猪拍照，太可爱了。"

当时我们村里的小孩子都没见过什么世面，完全不知道一头快要病死的，全身都是脏土和伤口，极受苍蝇喜爱的小猪还可以用"可爱"来形容，这种猪，就算丢了也没有人敢吃。

可见，那位台湾姐姐肯定是住在和我们完全不一样的世界。后来她跟我们讲台湾的日月潭、捷运、飞机、章鱼丸子和各种各样好吃的小食物，说他们那儿一到晚上就灯火通明，明亮如白昼，她说她会弹钢琴，会溜冰，会游泳还会跳舞，还说很多女孩子都长得比她更漂亮。

我们听着听着，嘴巴都大了。

然后姐姐又说："不过，你们这里也很好玩，到处都是可爱的动物，空气也新鲜，闻着舒服。"

我觉得姐姐一定是撒谎，我们这儿一到晚上就黑灯瞎火，到处都是猪粪牛粪鸡粪，城里人来了马上就想走的地方，哪里好了？

姐姐没有说话，只是莞尔一笑，说："是真的，每个地方都有每个地方的好，就像每个人也有好与不好的地方一样。"

两天后，台湾亲戚就走了。我跟大人们送他们到村口，心里不禁默默地想：长大以后，我也要去台湾看看，看看别人的世界。

2

后来我有惊无险地长大。世界的变化翻天覆地，祖国的发展一日千里，农村也大变样，不再是从前的那个贫穷落后的农村，村里的三四层楼高的洋房别墅错落有致，村村都通了公路和户户安装了电话，逢年过节，外地工作亲友回家团聚时，各种轿车一直连到村口。而我，因为到大城市读书的缘故，也体验过大城市的种种，高达几十层的摩天大楼，四通八达的地铁，通达全球的飞机航线，霓虹闪烁灯火通明的不夜城，各种有名的美食，数不清的新奇玩意和高科技，祖国的很多大城市已经享誉全球，我终于不再是那个贫穷落后没见过世面的孩子。

当时我在一家公司做英语翻译，拿着大几千的月薪，脚踏七寸高跟鞋，经常出入各种高级酒店，虽然不见得有多高级，但是比起过去，我还是觉自己已经跨出了一大步。工作需要，我接触了很多的工长老板，他们管理着几百上千人的工厂，出入时有百万名车代步，吃一顿饭顶我一个月的薪水，时不时出国旅游度假，活在一个我一辈子也达不到的高度。其中有一个女客户M姐，白手起家奋斗至今，资产已经过亿，举手投足，大方有魄力，既温柔也有硬度，把一间两千人的工厂管理得井井有条。刚见她时，我就忍不住惊叹，天啊，好有魄力的女人！然后我也想，她年纪一定比我大不少，可是后来才知道，人家才比我大6岁，刚从法国回来，并签回了一张价值几百万的订单。

我在想，人和人之间，差别怎么就那么大呢？我们之间又何止差了6年，简直是6光年，又或者，我一辈子也填补不了这种差别。当时我就觉得，这个世界比自己想象的不知还要大多少，总有一些人，生活在你从没到过的，甚至连想也想不到的层次和境界，一个总是自我满足和认为自己很了不起的人实在是太可笑。

你的世界别人早已经路过，而别人的世界，你可能一辈子都无从体会，人生走过一程又一程，遇过一茬又一茬的人，当你到达一个新的高度，总会遇到比你站得更高，看得更远的人，于是，你稍稍松弛的心马上又提了起来，又开始焦虑了，又开始奋力追赶了。

有时候我想，待在自己的世界里到底好还是不好？别人的世界，是不是就一定很精彩？

3

知道了世界的广度和深度，我由此而感到焦虑，因此更加懂得努力，努力想进入别人更美好的世界去看看。可是却很残忍地发现了一个真相，那就是越努力就越焦虑，因为无论你有多努力，总是会认识到比你更努力更优秀的人。

月薪几千的时候，我们会向往月入过万，但当达到月入过万这个层次时，就会发现，还有无数人月入几万、十几万、上百万，甚至更多。当你好不容易才通过学习化妆和搭配衣服让自己变得比以前漂亮一点的时候，你就发现，在你从没有去过的世界，真是生活着一群天使面孔魔鬼身材的女孩子，她们年轻貌美红尘烈焰擅长打扮，朱唇一启便会有无数屌丝男跪拜，而且她们并不用老男人包养，自己就能赚到很多的钱，收入绝对超过普通同龄人很多。认识一个做自媒体的"90后"小女生，自己运营着一个两百万粉丝的公众号，每月接广告接到手软，虽然才20多岁，但年薪早已经过百万。她的生活和奋斗，绝对超出许多人的想象。

由于自己是来自底层，所以很清楚底层人的思维，他们很难去相信和接受超出自己想象的东西。因为周围都是不爱打扮、艰苦朴素的女孩子，所以在他们眼中，漂亮精致的女孩都是被男人包养的；因为他们自己赚不到什么钱，所以总觉得别人的钱大多来路不明。他们只相信自己经历过的历史经验，也不相信别人的世界真有那么的美好，表面看起来是不屑一顾，实际上妒忌得要命，妒忌别人能在自己触不到的世界里活得光鲜亮丽。

4

我一直都觉得，井蛙之识和故步自封是人类两大悲剧特点，是阻碍人类进步的元凶。一个人，如果一直生活在自己的世界自得其乐,把自己的看法看成普世观点,是极其可笑的一件事。当然,每个人都自成一个世界,每个人都有自己的生活,这当中有好有坏,有美有丑。就算我们经过努力到达了一个更广阔的世界之后,也会体验到各种酸甜苦辣,也会体会到各种不容易,但我想,去看看更美好的世界,无论有多艰辛,一定也是一件很美好的事情。

辑二

世界正在惩罚不读书的人

我那个
大学毕业找不到工作的同学

1

我有一个大学同学,刚进大学就宣称,以后找工作非公务员和事业单位不去。他从大二就开始备考,一直考了四年,都没有考上。

到了第五年,他终于认输了,放弃了考试,开始寻找其他的工作。

虽然他才毕业四年,但社会发展日新月异,世界早已经不是刚毕业时的那个世界。虽然他不再考公务员,可还是把目标瞄准了老师和国企员工这种趋向稳定的职业,除此之外的工作瞧也不瞧一眼,还说,除了这些之外的都不叫工作。却不承想,毕业大军一波接一波，人才一浪接一浪，各种成绩好的、家世好的、关系好的，犹如千军万马般涌入社会，把各种上升通道堵得满满的。同学虽然早出来几年，却没有丁点儿的工作经验，在工作经验上连实习生都不如，用人单位一看到他的简历，就没有下文了。

找不到工作，又要吃饭，怎么办呢？实在没办法，同学只好贩起了水果，整天风里来雨里去的，很是辛苦。

眼看别的同学成了公务员、老师或白领，同学苦笑着说，早知如此，我还不如不读大学，早几年出来，说不定已经赚到房子的首付了。

2

同学的爸爸，小学没毕业，一直游荡在离老家 400 公里远的大城市，靠贩卖各种小商品为生，也曾在街边摆摊卖过水果。虽然他已经卖了许多年，但依然还是租不起一个好一点的摊位，也只能一直住最便宜的平房。

幸好他有一个从小品学兼优、听话懂事的儿子。这个儿子，寒窗苦读九年后，终于考上了本科，人生的轨迹即将发生改变。

只是没想到，4年后，他儿子本科毕业，不但考不上公务员、吃不上皇粮，就是连一份像样点的工作也找不到，最终继承父业，成了一名小贩，成了这座光鲜亮丽的大城市里千千万万的普通老百姓之一。

同学的爸爸什么也没说，只是叹气，也不再像从前那样，自豪地跟旁人说自己有一个读大学的儿子或者说他的儿子正在考公务员，旁人要是问起他儿子在干什么时，他要不就顾左右而言其他，要不就是惆怅地叹气。

同学跟我说起这些时，脸上有掩饰不住的落魄。他恨恨地说："读书有什么用？还不如有关系的。"

我明白他的苦闷。眼见他人一个个成了公务员、老师、高级白领，有不错的社会地位和稳定的收入，买房买车，一步步走向各自人生的巅峰；甚至很多没读过大学的同学，也因为早出来混了几年，开超市开店做大生意，一个一个赚得盘满钵满；眼看着大城市高楼建了一座又一座，地铁开通了一条又一条，可自己依然是那个无论刮风还是下雨、行雷还是闪电、死人还是塌楼，都要准时地开摊收摊的小贩，还要想办法把当天进的新鲜水果全部卖掉，不然就会腐烂，不然一天就白干了。

日子，就这样一米阳光一桶泪地过下去。我想，也许全世界的大城市都是一样吧，有阴暗潮湿的地下室，也有富丽堂皇的高楼大厦；有蟑螂老鼠横生的窄街暗巷，也有宽敞美丽的林荫大道；有蝼蚁般卑微的穷人，也有一掷万金的富人，这些种种，无论低级或者高级，都是构成这个万象世界的元素之一，无论是幸运还是不幸运，都是每个人命中注定要走的路。也许如何度过，或者争取"破局"才是我们该去想的事吧。

3

我曾经在网上看到一则新闻，一个考了650分的高考理科状元，由于毕业后一直没有找到合适的工作，就一直待在家里，沉迷在网络中不可自拔。他说，如果找不到喜欢的工作，他宁愿不去工作。如果像大众一样找一份普通的工作和结一个自己并不十分满意的婚，那样的人生实在太无聊了，他甚至希望自己活在战争年代，像游戏里的人物，带着大家过关斩将，得到众人的认同，也许会更有价值。可惜，这位理想高远的理科状元不但没找到自己喜欢的工作，最后还成了流浪汉。

讲真，这是我看到过的最可悲的新闻之一。

这样的人，一点也不值得同情。他的可悲之处，就是那可笑的眼高手低。

眼高手低有多可怕？它比自卑、自大、自怜、自怨等一切负面的自我情绪更可怕。自卑、自怜、自怨虽然不讨喜，但至少还能脚踏实地地做事，比那种想得美，却懒得动的人好得多。

古语有云，读万卷书不如行万里路，意思就是说，想得再多也不如开始做，空有想法而不去实践的人，已经不适合生存在当下这个瞬息万变的世界了。

比起这位理科状元，我同学是识时务的，他经过数次的挫折，终于放弃了那条没有出口的路，走起了羊肠小道，虽然溅得满身是泥水，但经过艰难的爬行，终于见到了出路。

他经过多年起早贪黑的打拼，一次次不辞劳苦地到外地找货源，日复一日地寻思卖货的好办法，终于从终日胆战心惊地与城管"躲猫猫"的"走鬼小贩"发展到了有固定摊位的"摊主"。刚开始时是跟别人的货车一起去拉货，后来自己买了货车，又过了两年，终于存够买房子的首付，也成了有房一族。

拿到房子钥匙那天，同学百感交集地在朋友圈里说："走了无数的路，吃了那么的苦，终于看到一点希望了。"

也许对于在外打拼漂泊多年的人来说，拥有一所属于自己的房子，才是终极的幸福和归宿吧。

同学是幸运的，因为他没有沉迷于往日高大上的学历里扬扬自得，也没有被后来的挫折所击倒，也许迷茫过，但很快便能收拾心情，脚踏实地地奋斗，终于在这座大城市，为自己谋得了一席之地。

4

很多人都在问，决定一个人命运的，到底是什么？

是出身？还是体制？还是读书？当一个人既没有好的出身，也遇不到好的机会，读了很多书也找不到好工作的时候，Ta是否就被命运判了死刑，被牢牢地钉在社会的底层翻不了身呢？

像我同学那样，读了很多书，却找不到工作的人太多；没读过书，找不到工作的人更多；但也有许多人，他们或是开小超市，或是摆地摊，或是做着各种劳心劳力的买卖，通过不懈的努力，也过上了有房有车的日子。这些人，他们最大的特点就是脚踏实地、不好高骛远、勤奋，通过自己的努力，让自己过上了丰衣足食，让人尊敬和羡慕的日子。

我想，这才是咸鱼翻生的机会和法宝吧。

任何时候，
你都不能放弃自己

1

前些日子，在香港遇到中学时的一位女同学。多年不见，那位女同学已经与之前判若两人，无论外表还是气质，都找不到往昔小镇姑娘的影子了，谈笑之间，颇有成功女性的味道。

一番交谈之下，我得知，女同现在在深圳做生意，有房有车，日子过得很不错。

我夸她："凭自己的本事在深圳买房的女同学，你还是第一个，真厉害！"

面对我的夸奖，同学打趣地说："我算什么，想当年，我可是老师瞧不起的那种人。"

同学从前是那种不太喜欢学习，有点调皮的学生，经常迟到，在课堂上偷偷看小说，让老师头疼。有一次她在数学课上看小说被班主任发现了，被直接拎起来，班主任当着全班同学的面骂道："像你这样的人，进入社会以后绝对生存不下来，不然我倒转头走路！"

全班同学哄堂大笑，同学羞愧得无地自容，恨不得找条缝钻进去。她的厌学情绪的确很严重，动不动就请假，加上家庭环境确实很差，父母总是跟她说家里很穷，没钱供她读大学这样的话，所以到了临近高考的时候，她干脆退学了。

其实到现在也说不清，同学到底是受了班主任的刺激退的学，还是受家庭环境影响而厌学。在那时候，想继续读书并不是很难，交得起学费即可。当然成绩差的学生，考不到好的大学也是正常的事。

同学说她现在一点也不恨班主任，但也没有特别感激的意思，因为就算老师用的是激将法，当时的她还是受到了打击。

然而不认真学习和退学的确是她自己的问题和选择，怨不了任何老师；而她的家境的确是贫寒，父母是农民，每天起早贪黑地干活，但仍然只能勉强糊口。穷是现实，并不是她父母的错,所以,她怨不得任何人,要怨,只能怨自己。

2

同学高中毕业后,就进了珠三角的一家电子厂打工,成了一名流水线工人,青春和汗水滋润着车间机器齿轮的运转,同学像无数个普通的生产线女工一样,日复一日地在重复的劳动里过着一种看起来毫无希望的日子。

她的心是不安分的,听说做销售赚钱比较多,就辞了流水线的工作,去专卖店卖起了衣服,一干就是两年。同学嘴巴甜,脑筋转得快,很快就掌握了专卖店的各个环节。于是便跑去东莞,自己租了一个十平方米不到的档口,做起了成衣批发;后来她做过小商品的批发,倒腾过二手手机,做过化妆师,可谓饱尝艰辛,最后终于让她在手机贴膜这个行当站稳了脚跟。

没有学历背景、家里也穷的人,就是会比有学历有家境的人过得艰辛。同学也知道自己的短板,可能也曾后悔过没有好好读书。但幸运的是,她并没有认命,经过一番努力拼搏后,终于改变了自己的命运,不但赚到了钱,赚得比一般同学还要多。

作为一个白手起家的女商人,同学很谦虚,觉得自己的成绩算不了什么，可在我看来，她是令人敬佩的，但凡靠自己改写命运的人，都值得我们去学习。

3

其实我能深刻切理解同学的感受，因为我也是不被老师看好的那种学生。

当年我还在六年级的时候，我们学校的老师就这样评价我："还算聪明，如果努力读书，考上一个大专是没有问题的。"

读初中的时候更惨，太多学校成绩好的同学，老师连看也没有正眼看过我一眼。初三的时候，我在语文课上与同桌讲了一句话，班主任发现后，就把我叫起来，当着全班同学的面指着我说："你看看自己的成绩排名，30多名，你觉得有机会考上重点高中吗？家里也没钱，你不听课不要紧，千万别影响了××。"××是我同桌，成绩在班上排名前五，确实是一根好苗子。

班主任骂完还不算，还把我调到教室的最后一排，让我自己坐，从此我在班上就成了孤家寡人，受尽了冷落和排挤。

我真有点搞不懂，家境跟读书成绩有必然的联系吗？还是在他眼里，只看得见家境好和成绩好的学生？

但他说的的确是真话，后来我还真是以20分的巨大差距落榜本市四所重点高中的任何一所。

上了高中，情况也没有好到哪里去，老师依然对我爱理不理，高二时的班主任干脆把我们班称为"无术班"，即"不学无术班"的意思。

结果真让那个班主任看中了，我们班的确有很多同学没考上大学。

现在想来，其实真的不能怪老师，喜欢聪明、家境好的学生是人之常情，没毛病。怪就只能怪学生家长不争气，学生自己不争气，家穷人丑还不爱学习，叫别人如何去看好呢？

想明白了这点之后，我就不再恨任何老师了。我相信大部分的老师，对不成器的学生都是"爱之深，恨之切"，没有故意伤害的意思。

能明白这一点很重要，不埋怨、不记恨是人生修行中最主要的课程。不埋怨才知道自我反省，才有进步的空间；不记恨，才能放低往事的包袱大步向前走。被这两点羁绊的人生是悲催的，它会让人的性格变得曲扭、偏激，是污染心灵的一颗大毒瘤。

然而，即使没有被老师看好，即使没能考上好的大学，我过得也没有比那些成绩好的同学差，在一座房价不到两万的小城里，过着有房有车的日子，收入也不低，比上不足比下有余。

已觉幸福到极点。

4

被老师看好的学生都是什么样的呢？

当然是学霸型的学生了。

成绩好，无论什么比赛都能拿奖，既给学校增光也能给老师长脸。学霸在老师心目中的地位基本是：曾经学霸，终身学霸。无论这个曾经的"学霸"毕业后是多么倒霉、堕落，在老师的心目中，他们依然是好学生，依然有着至高无上的地位，直到世界的尽头。

我觉得这种想法也没什么不好，这可能是人们敬畏和尊重知识的一种态度，虽然有点迂腐，但至少可以激励年轻人要努力学习，日后就有机会被敬仰。

被老师看好的学生，大部分都能考上大学，找到一份不错的工作。有的人甚至很出色，在各行各业继续保持着"学霸"的劲头，成了行业的精英人物。这些人，是上帝宠幸的幸运儿，的确能在人生的道路上比差生获得更多的机会。但是那些不被老师看好，学习成绩差，家庭也没有什么背景的学生也不用灰心，因为学习上的差生，并不等于人生上的差生。

但学历没有优势的人，首先要明白的一点就是，你已经输在了起跑线上，所以在后面的旅程里，你要奋力直追，要做好比别人熬更多苦的准备，也不准偷懒，才有机会赶上甚至超越学历背景好的人。所幸的是，人生不是百米冲刺，而是一场马拉松，漫长而艰苦，赛程不过半，无法分出胜负，落后的人，大有可能跑了一段路后，开始超越领先。

我一直觉我同学就是超越的那一个。

她很清楚自己的优势和短板，也很清楚自己想要什么，最重要的是，她吃得了苦，受得了难，不怨天尤人，不恨父母不怨旁人，三观正得让人惊叹。什么都没有，但凭一腔热情和满身的勇气，光是这一点，已经PK掉了很多学历高但不愿意吃苦、喜欢抱怨的人。

其实我跟她一样，无论在别人眼中的我们，是有多丑、多笨、多么古怪和不堪接受，但我们依然深信，我们是美的，是可以凭着自己的努力去过上好日子的。

因此，我们奋不顾身，努力拼搏，然后终于过上了想过的日子。

5

我们都是不被老师看好的学生,但那已经不再重要。重要的是,我们不自卑,不放弃,不嗔,不怨,做自己人生道理的掌舵人,找到了自己的路。

所谓尽人事,听天命也。

世界正在惩罚
不读书的人

1

香港"江南四大家族"之一的富豪田北辰参加了香港本地一档叫作《穷富翁大作战》的真人秀节目，按节目的要求体验了一把时薪只有25港币的环卫工的生活。

环卫工收入低，只能租到价格最便宜的房子，也就是所谓的"笼屋"。按节目组的设计，田北辰也要睡在这里，当田北辰看到那些月租从600～1500港币不等、仅仅能放下一张床、没有热水、连洗手间上面都要睡人的"笼屋"时，当他筋疲力尽地扫完一天大街，却发现自己辛苦一天挣来的钱刚好够吃两个最便宜的便当，还要加班才够钱坐地铁时，这位成功创立了

G 2000 和 G 2000blu 两个服装品牌、毕业于哈佛大学管理系、身家不知多少个亿的富豪不禁感叹万分地说："这个世界正在惩罚不读书的人！"

由于条件实在过于艰苦，这种生活他只体验了两天就坚持不下去了。他说，因为只要体验两天，所以他才有斗志坚持下去，但是如果一个月、半年甚至一辈子都是干这种活，那真是太绝望了。

田北辰是含着金勺子出世的豪门之后，在他的字典里，从来就不知"穷"字怎么写。今年他开始参政，为了赢得政治资本，才决定去体验底层百姓的生活，看看穷人们的生活到底是怎么样的，然后这位满腹经纶的精英分子便得出了"世界正在惩罚不读书的人"这样的结论。

很显然，他认为，在香港那样的社会，人之所以找不到好工作，是因为没读书，因为没读书，所以志短，因而更穷，因而更看不到远方的路。如此循环往复，人就会被压得永远也翻不了身。

2

三四十年前的中国，刚刚开始改革开放，很多没怎么读过书但胆子大的商人抓住了机会，积累了大量的财富。这些第一代富豪生下的子女，便成了传说中的"富二代"。

富二代们一出生就住豪宅、开豪车和有花不尽的钱，他们的起点似乎已是普通人一辈子也无法到达的终点。思及此，穷二代们便心酸了，他们愤怒地呐喊道："这个世界惩罚的并不是不读书的人，而是没有背景和关系的人！"

真的是这样吗？我觉得未必。

不可否认，这个世界的确有一小部分的富二代、官二代和部分投机取巧的商人通过各种捷径轻易地获取了很多社会资源，但我们不得不承认，对于大部分平民百姓而言，读书才是他们改变命运和阶层的出路。

我曾经采访过斯坦福大学的一位博士，她就认为，读书改变了她的命运。

她出生于一个贫穷的小镇，镇上风气不太好，学风也差，很多人都不喜欢读书，认为读书没什么用，挣不了大钱。她的部分同学，初中毕业后就离开了校园进入社会谋生了。当时也有亲戚劝她，不要再读了，因为家里没钱，她应该像其他同学一样出去工作减轻家里的负担。但是她顶住了压力，勤奋苦学，一路直奔清华的本科、研究生，最后进入斯坦福大学攻读博士，并在某个科研领域取得了不俗成果。

现在的她，可以自由自在地走在美国的街道上，交往的都是跟自己一样优秀的朋友，时不时飞去世界各地进行学术交流。在别人的眼中，她就是一个优秀的、受人尊敬的精英知识分子，俨然已跻身社会的中上层。

她说，如果不读书，那么她现在很可能像某些初中毕业就辍学的女同学一样，早早就结婚生子，成了一个找不到工作的家庭主妇，又或者进工厂做着一份朝不保夕的工作，别说什么理想和情怀了，就连生活都成问题。

有人说，没有读过书，但也可以嫁给有钱人成为阔太呀，但那得长得漂亮；没有读过书，一样可以做生意成为有钱人呀，但那得需要无比的胆识和过人的眼光。这个世界虽然是有特例，但生活中更多的是相貌一般、胆识一般、眼光一般的普通人，这些人，读书与不读书，命运回馈给他们的，差别真的太大了。

3

我在一个经济并不太发达的小城长大。我也有很多同学，他们有的读了很多书，有的只有小学或者初中学历。现在看起来，那些生活过得好的，大部分都受过高等教育。他们未必很有钱，但至少有一份稳定的工作，有房有车有存款，比上不足，但比下亦有余。

当然也有一些没有读过大学但混得也不错的同学，但从比例而言只是少数。而且他们虽然没有上过大学，但要么家里本来就有钱，要么是在工作或创业的过程中从未停止过看书。

是的，离开了学校，但依然还在看书，看各种各样的书，金融的、管理的、行政的、文学的，做哪一行修哪一行，日积月累，才会自学成才，在各自的行业杀出一片生天。

而那些不爱读书家里也没钱的同学，有的开烧烤档，有的在菜市卖菜，也有开修理店的，虽然也是一门谋生的门路，但过得极其辛苦。更差一点的，至今无业又或者早已堕落。

正如田北辰所说，没有学历和技术的人，为了活下去，不得不长时间地工作，对于他们而言，最重要的不是未来，而是下一顿吃什么。当今社会经济正在向金融型、知识型的方向发展，专业技能越来越重要，那些没知识、没技能的人，只能一辈子都被挤压在社会最底层，除非中奖，否则极难有机会翻身。

这些话虽然难听，却很真实。

说到底，世界正在变，从前那种刚从田上下来的大老粗闭着眼睛也能赚钱的时代已经一去不复返了，现在的年代，没文化就要挨打,有文化的,打起人来,根本就是兵不血刃。

4

虽然学识、机遇、运气、制度这些因素都能左右一个人的命运,但我想没有人能够否定读书带给一个人的变化。

如果读书对于富人是锦上添花,那对于普通人就是救命草。它可以让普通人毕业于一所好的学校,找到一份薪水稍高的工作,过上舒服一点的生活。

装酷地说,读书能开阔我们的视野,陶冶我们的心灵,让我们懂得分善恶与美丑,懂得和孤独对抗,学会与自己的心灵对话。

不读书的弊端又是什么?

俗气一点来说,就是没前途,没出息;装酷一点来说,就是不但过不好自己的生活,有可能连自己的孩子也教不好。

祸及子孙,这才是世界对不读书的人最残酷的惩罚。

你的人生那么有意义，
但快乐吗？

1

侄子在看动画片。

只见电视机屏幕上，一条黄澄澄的虫子在地上滚来滚去，一只甲虫一屁股坐到一块尖锐的石头上面，痛得龇牙咧嘴地弹起，如此反复数次。

侄子都被逗得咯咯大笑，快乐洋溢着整间房子。

这时，妈妈说："瞧他乐的，也不知在乐什么。"

我也感叹："这些动画片，根本就没有什么意义，但是小孩只管好不好笑。"

我妈说："电视意义就是娱乐，哪有什么意义。"

我呆了呆，妈妈所言甚是，电视本就是博人一笑的东西，太深沉的含义还是从书本或者实际生活中才能寻到，甚至有人说，人生本来就是没有意义的，生不带来，死不带去，功名利禄，一切皆空。

小时候，老师和家长常常教育我们：要想人生过得有意义，做的事情就一定要有意义，在做每一件事之前，都应该好好想想做这件事的目的是什么？有意义吗？

所谓的"有意义"好像已经成了许多人心中的人生信条，好像他们一出生，就肩负着某种不同寻常的使命，不是牺牲便是成全，完不成就要羞愧而死，快不快乐，反倒没那么重要了。

很多家长打着为孩子前途着想的旗帜，理直气壮地要求自己的子女做着家长们认为正确无比的事情，比如，学习之外的书籍一律不准看，因为看了会影响功课；比如，不准跟同学过多的来往，因为玩野了会影响功课。在家长们看来，一切会影响分数的课外活动都不是好的课外活动，一切对前途无益的活动都是毫无必要的。在父母严格的教育下，很多人的确考出了高分和上了不错的大学，却过早地活成了一个老干部的模样，失去了创造乐趣和享受生活的能力，过着一种毫无美感可言的日子。

其实，想想，这样的人生也挺无趣的。

2

认识一个学霸,他真的是一个十分自律的人。

他甚至把自己的工作计划精确到了分钟。比如,几点几分起床,花多少分洗漱,几时几分出门,然后就是工作、健身和看书,还有就是和女朋友约会。

关于与女朋友的约会,他是这样写的:22:00~22:10,和女朋友通电话。

这份时间管理表,据我所知,他执行得非常好,数年如一日。问他为什么要这样,他答曰:"这样的合理安排,才能保证自己过上自律而有意义的一生。"

他也从来不看除了专业以外的书籍,他认为工作之外的书籍除了助长额外的情绪之外,对自己的工作可以说是毫无用处;他甚至很少逛街,大部分刚需物品都是网购所得,因为他觉得逛街除了花钱和浪费体力,一点意义也没有;他也不喜欢去电影院看电影,说在家里看的效果也是一样;出去吃饭既浪费钱又不卫生,不如自己在家煮来得划算……诸如此类,无法一一陈列。

坦白而言,我有点无法理解。一个人,自律成这个样子,一切都以成本和目标为基本点,活着还有什么意思?出家修行也不过如此了吧。

尤其是谈恋爱，和这样一个完全没有定点情调可言的男人在一起，真的会快乐吗？还在谈恋爱就已经把日子过成了金婚，人生还有什么盼头啊！像他那种人，估计过性生活也要算好时辰，什么时候做，一个星期做几次，怎样做才能怀孕，才不伤身体吧。就像老皇历所标识的那样，今天不宜出行只准静坐，于是就真的闭门不出在家呆坐。我要是他女朋友，肯定会受不了。

听说这家伙最近又失恋了。毫不掩饰地说，我不但不同情他，还有点幸灾乐祸，一个人无趣到那个样子，居然也能找到女朋友，也真是奇怪。

3

说起有趣的人，我一直很清楚地记得我初二时的语文老师。我觉得，他就是一个很通透、愿意为了丰富学生的精神生活而努力的老师和长辈。

他个子矮小干瘦，戴着一副黑色的宽框眼镜，上唇留着胡子，那时觉得他和鲁迅先生的形象有点像。他跟其他的语文老师有点不一样，其他的语文老师从来都是反对学生看课外书的，但是他没有。他不但不反对，还鼓励大家看小说。什么四大名著、明清小说、武侠小说、言情小说，他家的藏书，比学校图书馆的有趣多了。

还记得那时我们班女生蹲在宿舍门口，人手一本书，一边吃一边看的情景，那沙沙的翻书声，夕阳的余晖淡淡地落在书页和那些青春的手与脸庞，至今都是我脑海里一幅不可多得的青春画卷。

我觉得，自己之所以到现在还那么喜欢看书，与老师那时的滋养和鼓励是分不开的。我也很感激我的爸爸，在我还是小学二年级就迷上小说的时候，没有横加阻止，而是睁一只眼闭一只眼，任我在书海里畅游。

在很多家长的眼中，在进入大学读书以前，所有的课外书都是禁忌，会让孩子无法集中精神去读书。其实我觉得，这是狭隘的，书本可以说是全世界最枯燥的读物了，如果没有文学书籍，那孩子的世界该是多么无趣啊，他只知道背答案而不知道问题出自何处，只知道鲁迅却不知他与许广平的恩怨情仇，只知道朱自清父亲的背影却不知道他曾留学英国和漫游欧洲诸国。

我完全不觉得一个从不看课外书只靠背答案考出高分的人有多了不起，他们顶多会背书而已。

曾经看过一份关于过去十几年所有高考状元的报告。那些当年在高考曾经创造过奇迹的学生,毕业以后并未能在工作领域有任何的建树,我想,这就跟他们读书时一心只想着考高分而忽略了其他兴趣和美学的培养是有关系的。

一个连小说都不看的人,我完全不知道他还会在生活中创造什么乐趣出来。

4

无论做什么都带着目的的人实在是太无趣了。

去聚会的时候想着找对象,去沙滩的时候带着考题,为了省钱买房子一年也不买一件新衣服,半年也不出去吃一顿饭;为了让自己的人生过得有意义,过着一种无比自律的生活,其实也没有错,只不过,少了一点乐趣而已。

果戈理说过,"快乐,使生命得以延续。快乐,是精神和肉体的朝气,是希望和信念,是对自己的现在和未来的信心,是一切都该如此进行的信念。"

威廉姆·拉尔夫·英奇也曾说过,"最幸福的似乎是那些并无特别原因而快乐的人,他们仅仅因为快乐而快乐。"

是的,有时不要在乎是否有意义,想想自己是否快乐,也是快意人生的一种。

善待身边的人，
让他们变成你的贵人

1

《红楼梦》里，刘姥姥进了两次贾府。

第一次进的时候，没见着贾母，是凤姐接待了她。刘姥姥家境贫寒，这次纯粹是来讨彩头的。尽管她言辞闪烁，没有直接言明想要钱，但凤姐一眼就看穿了她的来意，心里虽然有点看不起，但脸面上也没为难她，依然笑脸相对，临走前还给了她二十两银子。

二十两对于富甲一方的贾府而言，不过是一道菜肴的花费，但是对于一户贫穷的庄稼人而言，却相当于一年的开销了。

从这有一点来看，凤姐对刘姥姥还算是好的，起码她没有随便弄两件破衣裳糊弄过去。

刘姥姥第二次进贾府，终于见着了贾母及贾府上下各方夫人小姐和丫鬟们。贾府刚好大兴土木迎接元春省亲，建了"大观园"，刘姥姥就在贾府小住了几天，受到了贾母等人非常热情的款待，虽然大家对刘姥姥都有一种"看猴子戏"的心态，但是贾母待她却是不错的，连自己喝过水的杯子也可以让她接着喝，放在现在，也是很亲密的关系才能做出来。刘姥姥要走了，在贾母的授意下，刘姥姥得了几百两银子的财物，风风光光地回家去了。凤姐更是让刘姥姥帮自己的女儿取名，因为她穷，命硬，压得住。

后来贾府没落，树倒猢狲散，贾家上下众人死的死，散的散，凤姐的女儿被她舅舅卖给了妓院。刘姥姥念在当年贾府曾接济过自己的分上，变卖自己的房产、田地，千里迢迢地去把凤姐的女儿赎了回来，并且让她嫁给自己的孙子板儿，做了孙媳妇。

整部《红楼梦》中，我最喜欢的人是黛玉、贾母和刘姥姥三人。黛玉不必多说，贾母和刘姥姥两人，一个宽厚，一个心大、懂得知恩图报，有点大智若愚的意味。凤姐的女儿是"红楼"女人中结局最好的一个，她的福，其实是她的曾祖母和母亲积下来的，当年要不是她们如此善待刘姥姥，刘姥姥大约也不会对巧姐儿如此费心费力。

贾母和凤姐万万也想不到，自己当年一个无心的举动，却在多年之后收到了那么厚的福报。

很多人都觉得身边的人太平庸，既不是高官，也不是什么富豪，对自己的生活和前途无补于事，所以连话也不想跟他们多说，然后去攀附那些对自己前途有帮助或者只和那些出色的人交往，以为这样的自己很高级，很有层次，殊不知，一个人之所以可以一直高高在上，其实是脚下垫着太多普通人的缘故。好好地善待身边的普通人，总有一天，在你需要帮助的时候，会发现自己比想象中的更富有。

2

褚时健曾是红塔集团的董事长，是我国著名的烟草大王，是改革开放后的"十大风云人物"之一。他激情飞扬、指点江山，也提拔、指点了很多百万富翁，带起了许多有梦想有能力的后辈，更为自己的家乡云南玉溪做出了很大的贡献。

在他70岁时，承包了2400亩的荒山，种起了橙子。听说他要做生意，以前那些受过他恩惠的富豪纷纷闻风而动，有钱的出钱，有力的出力。14年后，褚时健的果园大丰收，出产的橙子又大又甜，售价比普通橙子高出不少，却卖得很好。那一年，他卖橙子的纯利就达到了上千万。现在，褚时健身家过亿，又攀上了人生的高峰。

曾经有一个记者去褚时健的家乡玉溪了解情况，跟当地的的士司机交谈，连司机也说："没有褚老，就没有我们玉溪的今天。"

当地的群众提起褚老，无不竖起大拇指称好，当地的富豪一直视褚时健为心中的偶像，就连王石、柳传志等人对他也是崇敬有加。一个人，能拥有如此广泛而深厚的群众基础，真的印证了"得道多助，失道寡助"这句老话。

看一个人有没有能力，得看他会不会赚钱；看一个人有没有品格，就要看他落难时身边有没有人愿意帮忙和为他说好话。从这两点来看，褚时健已经充分证明了自己的价值和人缘。不是因为他的能力和过去的身份，而是因为他的能力和人品，是他过去善待身边的朋友和为家乡做了实事种下的阴德，在他需要帮助的时候，福报自然而然地拢过来了。

3

请善待身边的人，因为你永远不知道，自己什么时候需要别人的帮助。

近年兴起的"轻松筹"就是一个非常明显的例子。

"普通人生了大病,自己没钱医治时,便可通过'轻松筹'这个平台,去发动别人捐款。捐款的就是身边的朋友和素不相识的陌生人。很多人,根本不认识当事人,知道有人身处危难急需救助,便热泪盈眶,你一百我五十地掏钱出来,献上自己的一份心意。他们中的大部分人,都不会有机会与求助人相见,却愿意慷慨解囊,也不求任何的回报。就冲这份情意,我们就应该善待身边的人甚至是素不相识的陌生人。帮别人指路、为有需要的人让个座、下雨天时为不带伞的人挡挡雨……一个小小的善意,便能温暖一方的冰凉;一个无心的帮助,就能积下意味深长的福报。"

其实每个人的灵魂都是平等的,不同的只是地位的高低和财富的多少。但是这些不过是身外之物,容易得到也极易失去,唯有品德与善良才能永恒。所以,对身边的人好即是对我们自己好,当有一天我们失去一切时,还可以得到旁人的微笑与暖语,然后站起来。

善待身边的人,让他们变成你的贵人。

人品，
才是你的通行证

1

我的好朋友亮也开始做微商了。

其实讲真，微商并不是那么受欢迎的群体，很多人都觉得微商烦，经常刷屏，污染朋友圈，干脆屏蔽了之。

但我一直没有屏蔽她的，有时还会向她进点货。不是同情她谋生不易，而是真的想试试她的产品。

亮一直在刷她的产品和成交记录，有时浮夸，有时只是淡淡的几句，我和她的几个共同好友都静静地看着，有时也会打趣几句。眨眼半年过去了，亮的朋友圈好像越来越精彩，不是天天忙着发货，就是去参加什么活动，上个月她还成为团队的特约讲师了。

我看了看课程内容,分享的居然是如何做熟人生意。

亮做的确实是亲戚、朋友、邻居、同学的生意,从没听说有什么不愉快的事情发生,包括我,试用了她的产品之后,也觉得很好。我想,她的确是信得过的。

亮性格温和,很懂得体贴和关心别人,从小到大人缘都很好,我自己也很喜欢她。我想,这才是她能做熟人生意的原因吧。

熟人虽然是熟人,却不一定愿意在你有需要的时候支持你,很多人都是开始创业以后,才慢慢地对熟人失望的,因为熟人,很多时候都宁愿光顾别人而不愿意相信素来有交情的你。

一个人,如果做事能得到亲戚朋友热心的支持,那这个人的人缘一定很不错,人品没有问题别人才愿意帮他。

因为大家都了解亮的为人,她推销的产品看起来也不错,所以很多人都选择了光顾她。

人品好的人,虽然平日不会有人无故过来献殷勤,但一旦有什么需要,振臂一呼,周围的人马上会哗啦啦地围过来,这就是得道多助的力量。群众的目光总是雪亮的,同样是做微商,有人因此而失去了许多朋友,有人不但没有这个顾虑,还赚到了朋友的钱。

这,的确是一种卓越的能力。

2

我做了许多年的销售,以我的经验来看,成交虽然讲技巧,但是很多时候也是拼人品的。

我有一个韩国客户,他有一个供应商龙哥,两人合作已经超过5年。龙哥是做塑胶外壳的,工厂规模很小,中间还经历了一次倒闭的危机,从实力上来说,他完全拼不过其他竞争对手,价格也没有优势,但是客户就是死心塌地地跟他合作,也不知道有多少供应商过来想挖客户走,开出的价格一家比一家优惠,但客户愣是没动心。后来跟客户聊天,问他喜欢龙哥什么,客户说:"他值得信赖。"

当年韩国客户一共找了三家供应商合作,签合同谈判的时候,三家供应商的老板都拍着胸口保证,一定会按时、按质交货。刚开始还好,但是进行第二次合作的时候就出问题了,其他两家供应的产品的电源板出了质量问题。

刚开始客户觉得有点奇怪,其实他们三家用的都是同一种型号的电源板,为什么另外两家有问题,而龙哥的却没有呢?后来,经过工程师的仔细查证,才发现了问题所在。原来,他们虽然用的是同一块电源板,但另外两家为了节省成本,选用了低档的那一种。同样的销售价格,供应商把原材料的价格每压低一点，他们的利润就会多一点。

知道真相后，客户很生气，当即决定，永远都不再和那两家供应商合作。

原来做生意也是始于实力，然后忠于人品的。

香港首富李嘉诚也曾经说过，做生意得先学会做人。他教育自己孩子的时候，也是三分之二的时间教他们做人，剩下的三分之一时间才传授生意的经验给他们。

做大生意固然是讲谋略，但是如果人品很差，终究会自食其果，以失败收场。

问问，人品差的人，有几个是能善终的？

3

好的人品，其实就是一张十分顶用的通行证，会让你在关键的时候，遇到贵人。

我刚出来工作的时候，有一个叫莉莉的女同事，就是一个人品很不错的女孩子。

有一次，她租了一台车，带一个客户去工厂看货。到了工厂的时候，便约好让司机等他们办完事后再一起回去。也许是粗心,也许是放心,客人不小心把价值过万的单反相机落在车上了,等两人办完事的时候,才发现司机早带着那台相机跑了。

客户和同事都很生气,便去派出所报了案,一查,那台车根本就是套牌的,没法追查,再说,万把块的案子在警察看来,也没有那么紧急,于是此事只好不了了之。

但客户很急,因为他曾经环游列国,所有的相片都存在相机里了。他因此心情很不好,几天都没露出一丝的笑容。

没想到,莉莉却一直惦记着这件事。为了找到那个司机,她就去当初租车的那一带寻,经常趁着中午午休的时间去那边守着。

功夫不负有心人,终于有一天,莉莉发现了那个司机的踪影。她叫上三个男同事给她壮胆,去跟人家理论。那个司机说相机早拿去卖了。莉莉不管,说不还就报警,但人家根本不怕她,叫嚣着说:"谁怕谁?"

这件事被公司老板和客户知道后,两人都很吃惊,特别是客户,握着莉莉的手连说"谢谢"。虽然莉莉到最后还是没有帮客户把相机拿回来,但那个勇敢而正直的莉莉却给客户留下了很深刻的印象。那次的行程结束以后,客户拿出差不多是一个月工资的小费给莉莉当补贴。

莉莉没有拿。

此事告一段落，一年之后，那个客户又回来了，在广州设了一个办事处。他找到莉莉，给她开出了很高的薪水，请她过去帮忙管理公司。就这样，莉莉从一个月薪不到五千的小翻译，一下子就成了月薪过万的高薪阶层。当时是2008年，楼价还不是很高，莉莉干了两年之后，就存够了钱，买下了人生中的第一套房子。

莉莉很感叹地说，如果没有那个客户，她根本不会有今天的生活。

然而我却觉得，她今天所得到的一切，都是她靠自己的人品赚来的，如果不是她的正直和忠诚，又哪里可以打动客户的心？

4

也许会有人觉得，低层的人才讲善良，做大事的人通常都会比较讲策略。

然而，我要说的是，一个层次低，人品也不好的人，根本就没有人愿意亲近，所谓的机会也无从说起。很多人在创业之初，都是用人品感动了周围的人，厚积薄发到一定的程度，才会发展得越来越好的。

当年小米的 CEO 雷军谈到自己为什么想和刘德华合作时,他说是因为对方人品好,雷军说,他想跟刘德华合作,无论对方开什么价,他都不会还价。这既有一种财大气粗的底气,也是对刘德华人品的信任。

所以,一个人,如果人品好,无论他是处于人生的哪一个阶段,都能拿到一张金贵的通行证,有了这张证,他就能通行无阻,奔向美好的前程。

让人舒服，
才是拥有了顶级的魅力

1

我家附近有两家餐厅，一家门庭若市，顾客盈门；另外一家却门庭冷落，门可罗雀。生意好的那家装修略豪华，差的那家略旧。论菜品，两家都不相上下的，但价格确实新的比旧的那家贵了将近百分之二十。

开始我想，看来还是有钱人比较多，宁愿多花钱也不想光顾那家便宜又好吃的茶楼。刚开始时，我总是去旧的那家。后来当我去新的那一家吃了一次以后，就再也不想光顾旧的那家了。原因是新茶楼的环境真的舒服很多，装修豪华，空气清新，服务员态度好，总是笑眯眯的，无论前一刻有多忙，你一招手一打招呼，马上就有人过来问你需要点什么了，上菜的速度也快，让人倍感舒心。

再回过头想想旧的那一家茶楼，装修老式其实没什么，关键是那边空气很差，我虽然一时感觉不出来，但总觉得浑身不自在，坐久了就会觉得那是一股老年人常年不洗澡的骚臭味，让人吃完了就想赶紧走。

但在新茶楼那边，我却没有这种感觉。一边吃一边品茶，时不时还看看手机，还可以连上Wi-Fi看视频，就算你只点了一碗粥，服务员也不会来催你结账，你要想做，做到下午人家休市也可以。但是你也不好意思坐那么久，这里毕竟不是咖啡厅，不是供人休闲娱乐的地方，所以吃完坐上一会儿，该走的还得走，不能妨碍人家做生意。让人舒服是茶楼的能力，够不够自觉就得看顾客的素质了。

说回旧的那家，其实已经几经易手，每次新老板都撑不过一年，就会因为茶楼生意差而不得不转手给人。有人说，是因为这家茶楼风水不好，刚好坐落在十字路口的边界上；有人说是因为那里不方便停车，其实不然，那里停车场面积并不算小，前后左右都可以停。其实我觉得应该是风水不太好，所谓风水，说不好听点就是迷信，说好听点就是气场和磁场。那间茶楼的空气不好，不新鲜，沉闷腐朽，就符合了气场不好的原则，也影响了它的磁场,让顾客们觉得不舒服,这样人家自然不想去了。

所谓和气生财,一个地方想要人丁兴旺,就必定要有让人觉得舒服的气场,人们才愿意聚集一起,财才能发起来呀!

2

其实无论是经商还是做人,成功者大部分都是那种情商很高,能让人感觉舒服的人。

晚清商人胡雪岩就是一个情商极高,让人又感到舒服的人。

很多人对他的评价都是:会做人。

胡雪岩很懂得尊重人,他有几句口头禅,阐明了他的待人之道。他经常说"花花轿子人抬人",无论大人物、小人物,他从不轻易得罪,都会给足面子。只要能说好话,坚决不说半句不好听的,只要能拉拢,他就想尽办法为他使用。他还经常说"前半月想想别人,后半月想想自己"。就是先想别人,再想自己。他总能设身处地地为别人着想,总能让别人觉得很舒服。

有一次,江苏太湖军务王有龄让他购置洋军火,胡雪岩想了许久,才决定购进大批的洋枪,但是洋炮却一门也没有买。王有龄很恼火,问他为什么,胡雪岩说:"洋炮向来是龚家父子的生计,也是巡抚黄宗汉的财源,所谓断人财路犹如杀人父母,他就是不能碰洋炮,也好给自己留条生路。"

其实,在人际交往中,所谓的"让别人舒服",无非就是有分寸感。当时的龚家虽然不及胡雪岩那么财大气粗,但也不是好惹的主儿。胡雪岩虽然有左宗棠为靠山,但是也不能随意妄为,踩到人家的底线。

所谓"贪"字头上一把刀,无论做人还是为商,最忌讳的当属"踩过界",每个人都有自己的"地盘",无论是经济还是心理,都不喜欢别人贸然地踏进来。若真有个冒失鬼冲了进来,任是谁也不喜欢。一个能在商场上时刻保持分寸感的人,必定是一个有德之人,他让人舒服和放心了,人家自然也不会去为难他。

让人舒服,做人有分寸,真是一种很重要的能力。

3

很多女人都喜欢去美容院做护理。其实她们都知道,美容院里那些所谓的天价护肤品,对皮肤其实并没有多大的用处,但大家依然趋之若鹜,前赴后继地去花钱开卡,原因就是大家都觉得在美容院待着舒服。

先来看看美容师们是怎样跟客户相处的:客户一进门,马上有笑容满面的小妹迎了出来，殷勤地斟茶倒水，然后就开始给客人做项目。客人要是想说话，她们就奉陪，做她们的情绪垃圾桶和心理安慰师；客人要是想安静，她们就闭嘴，老老实实地做她们该做的事，最多说下店里出了什么新的项目，问有没有兴趣体验一下，要是没有，她们马上转移话题，绝不强迫。

其实我也经常去美容店，觉得哪里皮肤变差了，肩颈劳累了，就去美容院放松放松，虽然是心理作用大于实际作用，但就图个舒服。

相信很多人都有过这样的体验，去商场购物消费的时候，你一进店，就马上有店员冲过来，紧紧地跟在你身后，不停地推销这个推介那个，目的就是让你买买买。但是你只会觉得头皮发麻，烦不胜烦，只想着赶紧离开这个让人窒息的地方。

如果去逛名店，那更不得了。那些妆容精致、衣着得体的女店员个个吊着眼，一进门就从上到下把你打量个遍，然后根据你的衣着打扮来服务。这种感觉，同样也让人不舒服。

所以能让客户产生一种"宾至如归"的感觉，真的很重要。客人舒服了，才会心甘情愿地去消费，去花钱，毕竟谁也不想花钱买罪受。

美容店可以说是最容易让女人产生优越感的地方了。这也是他们的高明之处。一个优越感爆棚的人，必定是一个十分讨人烦的家伙，真正的交际高手是，让别人产生优越感。像胡雪岩那样，就算对面的人远不如自己层次高，但他总能找出对方的优点来，赞一赞，夸一夸，让对方觉得舒服，心都给你敞开了，还愁打不开他们的钱包吗？

4

我们之所以那么努力地拼搏奋斗，不就是想让自己过得舒服一些吗？一个人，想过上舒服日子，他就得先让别人感到舒服，这样别人才会心甘情愿地为你铺路和造势。所谓"顾客就是上帝"就是这个道理。

经商和做人，其实是一脉相承的，都要耍点手段和讲点诚意。做人最舒服的境界是做自己，但做自己容易得罪人，太自我即太自私，所以我们要时时顾及别人的感受，要有分寸和懂进退，既不可咄咄逼人，也不需要卑躬屈膝，不亢不卑，不着痕迹即可。

能让人觉得舒服的人，必然也是经历了许多的人情世故后才知道让人舒服的重要性。如果你不是那种才华惊人的天才，那你少不了就要跟别人合作，就要尊重对方的立场，让别人感到舒服，其实就是为自己铺路。当你拥有了让人舒服这种顶级的魅力，就再也没有人会阻挡你前进的步伐了。

娶一个
喜欢读书的女人

1

我有一个堂哥，20世纪60年代末生人，"创一代"，大学毕业后就开始创业，现在身家已过千万。

堂哥身高175厘米，剑眉星目，仪表堂堂，算得上帅哥一枚。像他这种90年代初期的大学生，就算没什么钱，也会有很多女人喜欢。他30岁才结婚，相亲那年，来他家看房子的媒人几乎把他家的门槛都踏平了，有好几个女孩子还不请自来，意图不言自明。

堂哥左挑右选，最后终于选定了现在的堂嫂。

印象中，堂嫂真不算好看，皮肤很黑，身材微胖壮实，一头天然卷的头发又浓又黑，面相乍一看，就不是那种温柔的女人。但堂哥就是相中她了，说她性格好，勤快，最重要的一点是，她是老师，喜欢读书，将来对孩子的教育好。

结果证明，堂哥真的没有看错人。堂嫂进门以后，从没有和自己的婆婆及妯娌有过不愉快。堂嫂大约是我见过的最喜欢看书的农村女人了，村子里的女人，得空了便喜欢聚在一起东家长西家短的说是非，一言不合还会吵起来，像男人一样地把对方的祖宗十八代都问候一遍。她们还有一个特别喜欢跟村里的小孩开玩笑，女孩就胡乱给人家配一户婆家，男孩就问人家想不想娶老婆。小孩子天真烂漫，哪里懂这些？都被她们吓得连话也说不出来。

但堂嫂从来不会这样，她很少跟村里的三姑八婆们在一起闲聊，得空了就在家里看书写毛笔字，或者教侄子看书写字。也从来不和村里的小孩开玩笑，每次见到他们，都会和和气气地问他们吃饭没、作业做了没，或者聊一些他们喜欢聊的话题，总能把他们惹得哈哈大笑。

后来堂哥在珠三角某个镇开了工厂，堂嫂过去帮忙做会计，与堂哥一起，里应外合，很快就把工厂搞得有声有色。后来堂嫂不再在工厂帮忙，而是回家当起了家庭主妇，专心辅导两个孩子读书。堂哥说他特别放心家里和孩子们的学习，在堂嫂的张罗之下，家里一团和气，孩子们成绩也好，从不需要他去操心。

堂哥说，娶老婆外表其实并不是很重要，最重要就是性格和脾气，喜欢读书的女人就最好了，因为喜欢读书的妈妈，最起码不会有打麻将赌博等一些不良习惯，再怎么不济，她也能在家里营造出一种书香气息，让孩子养成热爱阅读的习惯。

喜欢读书的孩子，就算未来不会很成功，至少也会是一个有素养的人。

2

杨绛是我国著名作家钱钟书的妻子，她本身也是一位著名的学者。她从小到大，读的都是比较好的学校，后来更是上了清华和牛津。小时候的杨绛很调皮，也不太喜欢学习。但是因为杨爸爸本身就很有学问，说话入情入理、出口成章，发表在报纸上的文章一篇接一篇。于是，她对爸爸很是佩服，便问爸爸写文章有什么奥秘。杨爸爸说："哪有什么秘诀？不过是多读书，读好书罢了。"

杨妈妈是个家庭主妇，平日操劳一大家子的衣食住行，但是她十分喜欢看书，平日得空了总要翻翻古典文学、现代小说，读得津津有味。受父母的影响,杨绛慢慢地就变得很喜欢读书了，学他们的样，找家里藏书出来读，从此一发不可收拾，在书里找到了一个极其有趣的世界，在那个混乱的外部世界，成就了自己的大世界。

都说父母才是自己子女的人生导师，有什么样的父母大抵就会有什么样的儿女。杨绛的女儿钱瑗也深受父母的影响，从小热爱读书，后来成为北京师范大学的英语教授，学贯西东，在学术上颇有建树。

对于女儿钱瑗，杨绛夫妇从不示训，而是注重言传身教。有一次钱瑗学外语的时候，碰到一个很难的单词，翻了三本书也没有翻到。她只好求助爸爸，但是爸爸就是不告诉她，让她自己继续翻，终于让她翻到了。

事实证明，这样的教育方法是正确而卓有成效的，可以培养孩子的独立学习能力。

小时候，杨绛的爸爸问她："阿季，三天不让你看书，你怎么样？"杨绛说："不好过。"爸爸又问："一个星期呢？""简直白活了。"

杨绛就是那样，爱书如痴的女子，也正因为这样，她才能遇到钱钟书，成就了一段爱情佳话。

爱读书的老公娶了爱读书的老婆，培养出了爱读书的孩子，于己于国都是大有裨益的事。很难想象，如果钱钟书娶了一个喜欢打麻将的女人，他们之间还会不会那么心心相印，琴瑟和谐？

只是人生没有那么多如果，杨绛就是那个喜欢读书的杨绛，钱钟书就是那个喜欢杨绛的钱钟书，他们的相遇是命中注定。

3

爱读书的老婆，也可以成为丈夫事业上的好帮手。

亚洲头号女富豪龚如心就是其中的佼佼者。20世纪60年代初，龚如心和丈夫王德辉开始创业，两人联手创办了一家公司。龚如心在上海长大，曾就读于上海女子师范大学，在当时来说，也算是受过高等教育的女子，但是她为了更好地帮助丈夫，专门跑去学英语。在香港做贸易生意，少不了要跟洋人打交道，学会英文必不可少。后来她更是恶补商务管理和金融等各方面的知识，充分发挥了自己的潜能，主动把握市场的动向，和丈夫共同决策，逐渐形成了他们公司独特的运营管理方式，规模越来越大，资本实力也越来越雄厚，资产一度达到了300亿。龚如心的老公纵横商场多年，来自美色的诱惑不计其数，但是他始终不为所动，反而极宠爱龚如心。别人都说，龚如心之所以一直得蒙眷宠，是因为一直以来，她在他们的婚姻和事业里为老公出谋策划，与老公共同进退。一个愿意和老公分担左右、一起成长的女人，当然能成为婚姻感情和生活的胜利者。

认识一个姐姐，她自己经营着一家公司，平时忙碌不堪。饶是如此，她还坚持每天读书写作，出了几本书，有十几万的读者群，用自己的态度活成了别人眼中的一道风景。

爱读书爱学习的女人，不但能旺自己，也能旺身边的人。

4

董卿在电视节目上谈起自己的儿子，她这样说："你想孩子成为什么样的人，你就要做什么样的人。"

董卿已经火遍大江南北，她是一个才貌双全的女人。她的父母都毕业于复旦大学，儿时每个暑假，父母都给董卿开列书单，于是，阅读成了董卿少年时期的一项娱乐活动，也像是一门必修功课。

被书香熏陶大的董卿，不但活成了一个很成功的女人，也很懂得教育儿子。

读书和高学历从来都是女人的加分项，老师一直都是婚恋市场最受欢迎的群体。为何？无他，就是因为整天和书打交道的女人，能负担得起整个民族的未来。

千万别做那个
又穷又矫情的人

1

运营公众号有一段时间了,开通了"流量主",如果读者点击下面的小广告我就会有两毛钱的收入,于是每次更新文章,我都会跟读者们打声招呼,拜托他们点击一下小广告。

大部分人都可以理解这种行为,唯独有一位读者似乎很有意见,他三番四次很不客气地在我的公众号下留言说:"写篇文章还要发广告,一点文人的风骨都没有!"

还有一次,我在公众号上发了一个广告,他不屑一顾地说:"我终于知道你的稿费是怎么得来的了,我决定取消关注你的公众号了,不为别的,就为了文人的风骨。"

这简直是我今年以来听过关于文人最好笑的笑话了。

文人就不能想办法赚点钱？文人就只配过清贫的生活？否则就是醉生梦死、没有风骨？

后来跟这个粉丝聊了两句，又得知，他现在月薪3000元。

瞬间我就明白他为什么出来工作那么多年后，月薪还是3000元了。穷不是他的主要问题，他最大的缺点就是矫情。他虽然月薪才3000元，但是看得出对现状很满意，应该也没怎么想过如何去赚更多的钱，否则他怎么会认为我接广告赚钱就是俗气没有风骨呢？

我不知道这位读者生活在何处，但是按现在的物价水平，无论身在何处，日子一定也是过得紧巴巴的，如果他不是富二代，家境优渥，那他就应该多去想想如何赚更多的钱，去养家糊口；如果他出身贫寒又甘于贫寒，那我只能摊手表示无奈，一个人若是自己想躺在地上与泥土做伴，别人也奈何不得。一切的选择皆出于他的本心，我们应该尊重他的想法。但是他最大的问题是，他自己穷，也看不得别人有钱，现实生活中，仇富的人说的就是他那种人。真的，一个人穷不要紧，只要穷得坦坦荡荡无愧于心，也能得到旁人的尊重。但是如果一个人不但穷，还希望别人跟他一起穷，别人不想穷，他又百般看不惯，酸不溜丢地讽刺别人掉钱眼里了；如果别人好心给他指出一条路，他不但不会感谢，还会不屑地说自己现在已经完满了。

技不如人还处处挑毛病，还一副世人皆醉我独醒的模样，这种人跟"读书人窃书不算偷"的孔乙己一样的可笑，他们惹人烦不是因为自己穷，而是因为他们不但穷还那么矫情。

2

人穷的时候，千万别矫情，一矫情，你就完了。

以前我们单位有一个小姑娘，是从农村来的，刚毕业没多久，工资也就三千出头，但是特别注重打扮，从不买便宜衣服，非要去买那种刚上市的新款，一件衣服就花掉了半个月的工资。开始的时候，大家都以为她的家境肯定很富裕，都说，有钱人家的小姐任性一下也很正常。

有一天，小姑娘突然在朋友圈发了一条众筹的链接，可怜兮兮地请求大家伸出援助之手，帮帮她的弟弟。原来，小姑娘的弟弟出了车祸，受了重伤，现在正躺在的ICU里急救，每天的医药费至少一万。小姑娘在众筹的链接里说家里穷，父母在家里种菜，一年的收成也就两三万，现在根本无力支付弟弟的医院费，只能求助于人。小姑娘的家在农村，屋子里的家具又破又旧，看起来的确不像是很富裕的人家。公司出于人道主义精神，发动员工给她捐了一点钱，然后又众筹到一点钱，才勉强地把 ICU 的医药费付清了。小姑娘的弟弟从 ICU 里转出来后，性命虽然保住了，却失去了一条腿，需要好好休养才能康复。

家庭条件不好，家里又出了事，正是处处要用钱的时候，但凡是懂点事的姑娘都会想尽办法去多省钱或者想着怎样去挣钱减轻家人的负担。小姑娘也知道自己家需要用钱，天天在朋友圈里哭穷，各种求兼职和赚钱的工作。有人同情小姑娘的困境，就给她介绍了一个兼职会计的工作，在下班之后好好给人家处理一下有关的报表就可以了。

按理说，有这样的一份工作，多少人求之不得，可没想到姑娘做了一个月以后，就不想做了。理由是她每个周末都要坐三个小时的公交去对账，太阳又晒，去到那边还要自己掏钱吃饭，一个月才 1500 块钱，这样的兼职太累，以前周末她还能睡个懒觉，出去逛逛街看看电影什么的，现在是什么休闲娱乐都没有了，简直就是身心俱疲。

她不愿意吃这个苦。

小姑娘辞掉这个工作后，继续在朋友圈里喊穷，可是公司的同事已经懒得回应。一个人穷不可怕，可怕的是，人穷还怕吃苦，穷人家出身的女孩子还幻想着去做娇弱的"豌豆公主"，以为自己也有资格像家境好的那些人过着无忧无虑的生活。人穷还矫情，真的是一种病，得治。

3

我一直觉得，家境贫寒却不畏艰苦、努力谋生的人，无论他最后过着怎样的生活，都很值得我们去敬佩。

我同样认识一位大姐，来自某地偏僻的大山，家里可以说真是一穷二白。大姐两口子都没读过什么书，找不到什么好工作，只能干一些粗活。但她好像什么活都不嫌弃，环卫工、餐厅员工、保姆、摆地摊、派传单……只要是能赚到钱，她都很乐意去干，也不会嫌钱少，更不会去抱怨累。后来我们公司招清洁工，我看她人品还可以，就向人事主管推荐了她。开始我还以为她会嫌弃这份工作，因为毕竟不是轻松和体面的活。可没想到大姐很爽快地答应了，并且第二天一早就提前半小时去面了试。

大姐知道自己穷，所以吃穿用度都很省，为了省钱，每天都带饭盒，穿的也是单位的工衣，工作兢兢业业，把公司的洗手间打扫得干干净净，别人问起她的家境，她也不隐瞒，有什么说什么，绝不夸大，也不会刻意卖弄悲惨，试图博取别人的同情。对人也和气，非常朴实，大家都很喜欢她的性格。

去年年底，大姐又找了一份兼职，把家里附近的菜市场的清洁承包过来了。我问大姐为何要这样辛苦，大姐说："那也是没办法的事，老家人人都修起了新房子，就我们家没有，我们也是想多存点钱把房子盖起来，以后老了也算有个地方落脚吧。"

像大姐这样的人，大千世界又何其多。他们出身贫寒，没有学历也没有一技之长，除了一身蛮力，几乎可说是什么都没有。但是有时却可以活得让人肃然起敬，不为别的，就为了他们那种刻苦耐劳，愿意为了生活去努力奋斗的心态。

穷，真的不可怕，又穷有懒，又穷又娇气才可怕。人穷，但如果可以脚踏实地，任劳任怨地干，就怎么也饿不死，还会有机会过上更好的生活。

所以，穷的时候，千万别挑三拣四了，有活就干，边干边学习和积累，假以时日，说不定就时来运转，拨开云看见月明了。

4

正如古希腊历史学家、《伯尼奔尼撒战争史》的作者休昔底德所说的那样,"承认贫穷并不是可耻的,相反,不为改变贫困而努力才是确实可耻的"。连巴尔扎克也说,"有钱的人从来不肯错过任何一个表现俗气的机会"。穷不是错,但是穷还不想着去改变,还不停地抱怨,比有钱人还要矫情,那就显得很low了。

千万别做那个又穷又矫情的人。

辑三

你对待挫折的态度，
决定了你人生的高度

你对待挫折的态度，
决定了你人生的高度

1

在美剧《绝望主妇》中，我最喜欢卡洛斯和盖比，他们之间情深意切，却又有点欢喜冤家的样子。

在剧中，卡洛斯是一个很有钱的富豪，地位尊贵，是朋友圈中的风云人物。后来卡洛斯的生意出了问题，最终彻底破产，变成了身无分文的穷光蛋。所谓福无双至，祸不单行，他在一次误会中，与人发生了打斗，对方被龙卷风卷起的木栅栏刺中心脏而死，而卡洛斯也被重物砸中脑袋，积血压迫到了视觉神经，成了一个瞎子。

为了生存下去，他去度假村的会所干起了盲人按摩，整天面对的客户，不是从前一起喝酒的街坊，就是一起合作过的生意伙伴。从富豪到按摩技师，落差不可谓不大。

失落肯定是有的，但是他并没有失去对生活的希望，而是很认真地琢磨按摩的技巧，很快就得到要领，成为会所的头牌按摩技师。很多客人，点名要他的服务。

一晃五年过去了，卡洛斯的双手依然被困在那片小小的会所，日复一日地在各种高矮肥瘦的身体上搓揉，在不知道有没有尽头的黑暗里煎熬着。

后来，他通过手术恢复视力，并且开始重整旗鼓，慢慢地就找回了以往的风光，然后又成了一个备受尊重的人。

在剧中，卡洛斯总是被欺骗，受到不公平的待遇，但他又是最坚强的一个。他失明的那五年，就像一块钻石，就算不小心掉进了一堆玻璃里面，它的光芒虽然会暂时被遮住，但是一旦遇到足够亮的光线，钻石瞬间就会发出耀眼夺目的光芒，恢复它自身的尊贵。

见过大世面没什么了不起，吃过很多苦也不值得为人所称道，吃苦的人奋力向上爬的确厉害，但是最能考验一个人心性的便是他面对挫折的态度，一个大气的人，必定能经得起波折，跌倒了还能爬起来。

2

戊戌变法失败后，李鸿章因为支持维新派的主张而受到慈禧太后的冷落,有很长一段时间,朝廷不再重用他。

后来,太平天国运动爆发,西方列强对中国虎视眈眈,欲瓜分而后快,洋人的军队架着洋枪和洋炮,已经打到了国门的关口。李鸿章被指派到上海就任直隶总督,负责与洋人谈判,希望洋人能休战。

当时李鸿章已经是一个年近八旬的老人,白发苍苍,身体孱弱。他到上海后,人生地不熟,根本没有人能认出他来,也没有人上门拜访他。在很多人的眼里,没有人会相信朝廷还会起用他为直隶总督。可以说,这是他政治生涯中最黑暗的时期。

已过古稀之年的李鸿章,虽然感叹世态炎凉,但也深知,拜高踩低是人际关系的本质,每个人都要保护自己,所以并没有什么值得诧异的。为了让大家认识自己,年迈的李鸿章在人流量最大的静安寺路旁放了一把手扶椅,只留了几个随从在身边。他坐在椅子上和路过的百姓进行交谈,随和从容。

过路的人群中,终于有一位年轻的海军中尉上门拜访了李鸿章,从此之后,李鸿章的总督府开始热闹起来,一个又一个外国领事拜访了他,最后,除了英国政府之外,驻守上海的外国领事均开始与他谈判。

李鸿章的一生虽然备受争议,但总的来说还是功大于过。有人说他签了很多不平等的卖国条约,是奸臣,却不知如果他不签,以清朝的国力,跟洋人打起来根本没有任何的胜算,搞不好随时会国破家亡。

官场生涯中，李鸿章曾几起几落，正是因为如此，才铸就了他宠辱不惊的态度。得意不忘形，失意不颓丧，就算掉到人生低谷，还是会养精蓄锐，静观其变，等待东山再起的机会。我想，这就是他能数次被朝廷冷落又能重新起用的原因吧。

3

人生不如意事十有八九，生活的烦恼总是一波接一波，挥之不尽，如果人没有一定的抗挫力，还真的过不下去。遇到挫折的时候，我们有时真的会痛不欲生，感觉生不如死。但是雨过天晴后，人生又会是柳暗花明又一村。

对于不屈不挠的人来说，从来没有"失败"这一回事，但对于脆弱的人而言，一次失败就足以让其沉沦。林肯曾经说，"我们关心的，并不是你是否失败，而是你对失败能否无怨"。失败乃人生常态，人们不会鄙视一个失败的人，但是会看不起那种失败了再也起不来的人。一个不怕失败、得失淡然、宠辱不惊的人，才是大气的人，才是一个有机会成功的人。

别让挫折降低了人生可能达到的高度。

你的笑容，
价值千金

1

清明节时回家去看父母。

爸爸看到我，并没有像以往那样眉开眼笑，只是淡淡地和我打了一声招呼，脸上一丝笑容也没有，看起来满怀心事一般。

问他为何这般郁郁寡欢，爸爸无奈地说："前天你妈说去看外婆，我刚好有事，去不了，她就不开心了，到现在一句话也没有和我说过。"

再看妈妈，她果然也拉着脸，好像鼓着一股气，瘦削的身子看起来愈加单薄了。

爸爸比妈妈大了整整一轮，在他们那个年代，已经是很大的年龄差距了。也许因为如此,妈妈总是喜欢为了一点小事就跟爸爸顶嘴;而爸爸呢,无论妈妈说什么,他都沉默不语,就好像他亏欠了她12年一样。

我向来知道,爸爸是非常关心妈妈的。妈妈一生气,爸爸的世界就会变得一团混乱,他便会从话痨变成哑巴,妈妈不说话,他也不敢多说,妈妈不笑,他也展不开笑脸。有时候我想,男女年龄差距大的婚姻,也是有好处的,年纪大的那一方怎么着也会让着年纪小的那一方。

也许妈妈年轻时,就喜欢爸爸哄她吧。可毕竟都是携手走过几十年的老夫老妻了,再怎么心疼也说不出口了。而且爸爸也是那种不会哄人的男人,我真的无法想象,他会如何花心思去哄生气的妈妈。

不过妈妈生气,我也能理解,毕竟她是那么孝顺的女儿,爸爸不去看外婆,也不知道外婆会怎样想呢。

但是这也不是什么解决不了的事情,我觉得作为女儿,我有义务让爸妈开心。于是我就跟爸爸说:"明天去看外婆?反正我开了车回来,方便。"

爸爸自然是没有问题的,跟妈妈说了之后,又陪她上街买了两个外婆最喜欢吃的榴莲,一件送给外婆穿的新衣裳,再塞了一个红包给她,妈妈这才变得笑逐颜开起来。

回家的时候，妈妈特意带了全家人都爱吃的豆芽粉，眉开眼笑地对爸爸说："我买了一些豆芽粉，大家一起来吃吧。"

于是，世界瞬间变得明媚温柔起来，天也晴了，风也停了，阴云也散了。妈妈笑了，爸爸也舒了一口气，我们做子女的，自然也跟着高兴起来。

我在想，如果世间所有的爸爸都能像我爸爸那样，如此在乎妻子的喜怒哀乐，那世间的家庭肯定会少了许多纷争，多了几分甜蜜；如果夫妻之间，都可以笑脸相迎，那么这个家庭一定会很和睦。

外面的世界风大雨大，多的是委屈与白眼，这种时候，家人的关怀与笑脸，就成了我们疲惫心灵最温暖的港湾。

2

笑，真的是一件很美妙的事情，它可以化干戈为玉帛，化腐朽为神奇，让陌生的人成为朋友，也可以温暖一个陌生而疲惫的灵魂。

记得有一次，我有一批货要装柜运走，于是便去仓库监督工人们干活。仓库的工人们每天都要装卸至少10条货柜的货物，工作强度非常大，很是辛劳。我去的那天，天气非常炎热，太阳像火球一样烘烤着人间，大地好像都快要冒火了。去到仓库，工人们已经开始干活了，5米范围之内，都是他们的寒酸味。他们汗水淋漓，头发、脸颊、前胸后背，湿淋淋的汗液就像水一样，把他们全身都浇了个透。我站在阴凉里，心里有种隐隐的歉意，便去附近的小卖店买了水和饮料，招呼他们停下来休息一会儿。

我微笑着把饮料分发给工人们，一边对他们说谢谢。我真心地想，他们真的很辛苦。

这时，有一个汉子一边擦汗一边说："姑娘，今天我们已经装了三个柜的货，但是只有你请我们喝水，也只有你用这样客气的语气跟我们说话。有些人，总是摆出一副扑克脸，活像我们欠了他们的钱似的。"

我有点吃惊，没想到一瓶水都能让他们如此感慨，也说明了一个问题，就是的确有那么一种人，总是看不起底层劳动者，别说笑脸，连跟他们说句话都不耐烦，以为花了钱就是大爷，倨傲得连下巴都翘上天了。

殊不知，穷人虽然没有钱和地位，但是他们也有一颗跟富人一样渴望得到尊重的灵魂；殊不知，越是底层的人，他们的要求越简单，有时只是一个真诚的微笑、一声友好的招呼，一个善意的眼神，一声客气的"您好""谢谢"，就能无限地满足一个底层劳动者那颗渴望受到尊重的心。

不用花一分钱，也不用出半分的力气，就可以让一个人高兴，只是笑一下，又有多难呢？

3

笑，真的是一种很厉害的武器，它可以化解一个人的戾气，让对方的心开出花来，也可以让彼此的世界变得友善。

记得有一次，我去车管所办事，那天人特别多，很多人在排队。也许是重复的内容让工作人员有点烦躁，所以态度也开始不耐烦起来。排在我前面的是两个女孩子，一个漂亮，一个稍微普通了一点儿。

两个女孩好像是一起来的，好像一起向那个工作人员咨询什么问题。那个工作人员是个男的，对两个女孩的态度很明显，对漂亮的那个是有问必答，对长相普通的那个，则是爱理不理的。连我看了也为那个普通女孩打抱不平。

可是，那个长相普通的女孩，实在太有耐性了，她好像一点也不在意那个工作人员恶劣的态度，脸上带着一丝安静的微笑，问了一遍对方不回答，她再问第二遍；对方爱理不理也没关系，她还是一副好好脾气的模样。

也许是女孩的笑容和耐性感化了那个男性的工作人员，一番对话之后，他的态度有了一百八十度的大转变，不再不耐烦，不再爱理不理，不再一言不合就放戾气，他开始跟着女孩的节拍走，说话的语气变柔和了许多，不一会儿事情就办妥了。

我想，假如是我，在受了别人的戾气之后，是绝对不会给对方好脸色的，我一定会很不爽地撂下一句话："你态度这么差，我一定要投诉你！"

对方必然也会不甘示弱，也撂下一句："随便你"，然后该干吗还是干吗。

我也绝对不会想到，只要多一点耐心，一脸微笑，就可以化干戈为玉帛；就算想到，也不想笑出来，因为总想着"我又不欠你的，凭什么给我摆臭脸"。

可是，人在江湖，很多时候都会身不由己，发生矛盾的时候，总得要有人主动示弱，才能退一步海阔天空。

4

笑容大概是这个世界上最廉价又最尊贵的东西了。

它不值分毫,却又价值万金,全凭一个人的素养和心情所决定。

恶毒的讥笑让人厌恶,自然是不值分毫;然而善意的、真诚的微笑,却可以让人心充满力量,给人温暖和鼓舞。

对家人笑,我们便会收获亲情;对陌生人笑,我们便会收获友情;对自己笑,我们便会收获好心情。如果有一门生意是一本万利的,那必然是一个人友善的微笑。

笑一笑,十年少,如果大家都真诚地笑,那么时时处处都会是人间四月天。

你的态度，
决定了别人的风度

1

刚开始写作的时候，我加了一个编辑，准备向他投稿。

按我的设想，是先跟对方沟通好主题，然后再把整篇故事写出来，这样省得浪费大家的时间。当我把这个设想发给编辑的时候，对方却冷冷地回我说："你别写了，写了也是白写，我们用稿要求很高，你过不了。"

出师未捷身先死，被编辑那么一通抢白，我完全蒙了。

这个编辑可以说是我遇到的所有编辑中最没风度的一个。他的强悍和拒人于千里之外的冷漠让我心有戚戚然，后来我再也不敢找这他了。

不过我写作这件事却没有停下来，我还是不停地写，不停地投稿，由于没有什么窍门，稿子总是被退回来，后来写多了，水平也慢慢地提高，发出去的稿子无论过不过，编辑都会很热情地跟我沟通交流，耐心地指出写得不好的地方，比如说故事是不是老套了、啰唆了、头重脚轻了，还是结构错乱了，编辑都是知无不言，如同老师对待学生一样的有耐性。

编辑态度好，我满怀感激，因此投稿更加谨慎，下笔前总是要先构思好结构，文字上也斟酌一番，写完还会仔细地检查一两遍，把多余的字句删掉，把错别字纠正，且不说文章的水平高不高，我感觉自己态度已经比刚开始端正了许多，不再是热血有余而用心不足。可能这也是编辑态度好的原因吧。有时候写完一篇文章，编辑还会赞我写得用心，文章很烂时，她也会不满地说我写得太随便，不够用心。我用不用心，阅稿无数的编辑一眼就看出来了。

现在回想起来，当初那个泼自己冷水的编辑刻薄也是有理由的，作为一个新作者，我应该先好好研读他们杂志的样文，然后根据样文认真写出一篇文章给编辑看，那样他能知道我写的文章好不好，因为单凭一个主题，有时候真的无法确定文章值不值得写。如果，我从态度上就不够认真了，编辑跟我又不熟，不理我也是情理之中的事情。

有时候，我们拜托别人办事的时候，还真不能时时埋怨别人高冷、没风度，也有可能是我们一开始就不够认真，没有做好自己应做的本分，被别人拒绝和冷淡，一点也不奇怪。

2

以前我们公司有个同事甲，办事效率极高，无论是去找领导批文件还是去行政机关办事，都是又快又准，别人跑三四趟才能搞定的事，他很多时候都是一次就办妥了。

同事刚毕业两三年，从年纪来看，并不算成熟稳重，但是他却深得领导的信赖，不久前还含沙射影地讥讽他年纪轻轻就学会了拍马屁，真是"前途无量"。那时我刚进公司，并不了解事情的真相，只是一直听到同事在暗地里议论纷纷，所以我对他一直很好奇。

但是，很快我就知道为什么他可以坐上职场直升机了。

因为快到年尾了，所以公司要求各业务分部的经理根据各自的业务情况把明年的预算做出来，预算做出来后，除了同事甲的报告被领导批了之外，其他人的都被打回来了。有人不服气，当场问领导，为什么他的能批，自己的却要重做。

领导乐呵呵地说:"因为他做的报告比你们的用心。他的报告,引用包含了今年全年的销售数据,包括每个客户的销售概况、利润率,明年的销售计划等数据,再根据这些数据,做出了这份预算。再看看你们的,就是一个数据而已,你凭什么让我批?"

我看了甲的那份报告,的确很详尽,数据很合理,看得出,不花上两三天的工夫,还真做不出那样的报告来,单是客户全年销售概况都要查半天的电脑才能把数据都收集完毕。

后来甲对我说,他无论做什么样的报告,都要查很多资料,尽量让报告看起来可靠,老板看了才会心中有数,批得也更爽快一些;至于去行政部门办事,就要事先搞清楚相关的手续和程序,需要什么资料,先在网上或者打电话问清楚,去之前先把资料准备好,按要求办事,我们自己多花点功夫,就等于给别人节省了时间,减少了别人的麻烦,无形中也是帮了我们自己。

至此,我终于明白同事办事效率为什么会比别的同事高了。因为他比别人更用心,更懂得站在别人的立场去考虑问题,更愿意为了减少别人的麻烦而自己多费心。

这种态度,又怎么不让人满意呢?一个人,若想得到他人的善意,那么他一定得先付出自己的微笑,让对方明了自己的态度和用心,这样才能得到别人的认真对待。

3

如果你听过《我的滑板鞋》,你可能就会知道这首歌的原唱庞麦郎。

很多人都说他是疯子,对他的歌和所谓的才华不屑一顾,但是无论如何,他的确是出名了。那个外表一点也不帅、年过35岁的陕西汉子,如果没有看到他唱歌,别人都会以为他只是一个农民工。

成名之后,他谈起自己的过去,我们才知道,他是如何坚持才能一步步走到今天的。

庞麦郎从小在姑姑家长大,虽然读书很用功,却因为家境和成绩不好,很早就退学了。他也干不了农活,连周围的村民都瞧不上他。29岁那年,他决定出来找工作,在汉中一家KTV找到一份服务员的工作,每天的工作就是切水果。后来一次偶然的机会,他听了一首迈克尔·杰克逊的歌,被震撼了,从此立下决心,也要做一个歌手。

然后,他开始自己写歌。下班后工友们都在抽烟打牌,只有他坚持看书和写歌，一首接一首地写。四年后，他已经写了几十首歌，开始觉得是时候寻找新的方向了，于是便辞了工作，带着自己的歌，去了北京。一边打工，一边写歌，一边参加各种音乐选秀。但是统统都落选了，没有一家公司看得上他的歌和他的人。

但是庞麦郎不管，他坚信自己一定可以成为一个"国际范儿"的中国歌手，他拿着《我的滑板鞋》这首歌，四处去推销，即使到处碰壁，却从不曾放弃，因为他坚信，那是一首好歌。

终于，在去北京那年的九月，他参加了北京华数唱片公司举办的一场选秀活动，再次把《我的滑板鞋》这首歌唱起，强劲的节奏和朴实动人的歌词一下子打动了华数运营总监的心，最后华数公司看中了他的草根气质，最终决定拿出百万资金来包装他写的包括《我的滑板鞋》在内的十几首歌。

就这样，他一炮而红。《我的滑板鞋》这首歌，打动了无数人的心。

我们都说，种瓜得瓜，种豆得豆，凡事要有态度，你的态度是什么，就会得到什么样的反馈。态度，除了脸上的喜怒哀乐和肢体语言，很多时候也代表了自己的想法和立场，也许有些想法在刚开始的时候不为人所认同，但是一旦坚持下来了，别人就会被你的态度感动，慢慢地把心给你。

4

在生活中，我们不光做事情要有态度，做人也要有态度，有想法。也许刚开始时会遇到误解自己的人，但是如果我们坚持自己的立场和做法，时间久了，公道自在人心。人们虽然在表面上喜欢随和和好说话的人，但是心里真正尊敬的，却是那种时时处处有态度的人。当一个人端起态度，认真去做人和做事时，自然就赢得了他人的赞赏和风度。

你的善意里
藏着你的贵人

1

这是一家发生在某食品公司的故事,绝对真实。

一天,这家食品公司的女职工廖冬梅在冷冻食材仓库里盘点货物,也许是工作得太入神,连下班时间过了也不知道。等她把活干完,已经是晚上九点了。当她想离开的时候,却惊恐地发现,冷冻室的大门不知什么时候已经被锁上了! 冷冻室的温度是零下18度左右,如果被关在这里一个晚上,人一定会被冻死。更加不幸的是,她的手机居然在这个时候没电了!

肯定是今天值班的安检人员没有看到她在里面工作,所以把大门给锁上了。廖冬梅一边用力地拍打着仓库那沉重的大门,一边大声地呼叫，可任她使尽了全身的力气喊破了嗓子，也是叫天天不应，喊地地不灵。

时间一分一秒地过去了，冷冻室里越来越冷，廖冬梅为了不被冻死，只好不停地冷冻室里绕圈子跑步。终于，她累了，只好无力地坐下来，当身体的热量散发干净，寒气就开始侵入毛孔，她的头发和眼睫毛开始结冰。她缩成一团，心里充满了绝望，只盼着天快点亮，别人发现自己，或许还能捡回一条性命。

没想到，奇迹真的出现了。

当她已经冷得无法动弹的时候，库房的铁门突然被打开了，保安室的李大爷打着手电筒走了进来，看到了全身都是冰碴的廖冬梅。李大爷大惊失色，把她扶到了保安室，给她煮了姜茶，良久，廖冬梅才醒了过来。

当晚并不是李大爷值班，他怎么就跑到仓库去了呢？

李大爷说："我就是特意去找冬梅的。"

众人都愣住了。

原来，李大爷真的是特意去寻廖冬梅的。他是工厂的保安，每天都守在工厂大门的保安亭注意着工人上下班的情况。今天，他一直没有见到廖冬梅下班，便觉得很奇怪，去她的位置一看，皮包还在座位上放着，桌面的东西也没收拾，人应该还没走，但是又看不到她的人影，这就奇怪了。

于是，李大爷就开始找她，到处都找遍了，都没见着，后来想起还有冷冻室没找,打开门一看,果然看到了已经快被冻晕的廖冬梅。

听到这,大家都赞李大爷有责任感,心地善良,救了廖冬梅的命,是一个好人。

李大爷笑着说:"冬梅这个女娃,特别有礼貌,平日下班经过保安亭的时候,总会跟我说:'大爷,您今天辛苦了。'真的,每天都会说,风雨无阻,所以我对她印象特别深刻。今天下班我没见到她,也听不到她那句话,心里觉得很不习惯,怕她出事,于是就去找她。"

李大爷的话让旁人很感叹,有一个人对冬梅说:"其实并不是李大爷救了你,而是你的善良救了你。"

真的很认同"你的善良救了你"这样的说法。如果冬梅平日不是这么有礼善良,李大爷根本就不会想起她,那她定然也难逃一劫,所谓助人者自助当如是吧。

2

关于这一点,我其实也是深有感触的。

刚毕业的那两年,我在一家贸易公司做翻译,我们公司在郊区租了一个大仓库放货,我经常跟一位前辈同事去仓库监督货物装柜的情况。每次干完活后，同事都叮嘱我去给他们买水喝，有时是红牛，有时是橙汁，有时只是矿泉水，一买就是好几十块，每个星期都要买一次。刚开始，我并不是很明白，买水的钱公司是不给报销的，一个星期几十块，一个月就二三百块，也不算少了。要知道，那时我们的月薪才3000块。于是就问同事："你干吗对他们那么好？他们自己也有开水喝呀，而且还要你自己掏钱，多不划算。"

同事指着外面的天空说："你看现在的太阳多毒，出去多待一分钟都受不了，更别说在底下搬东西了，实在是太辛苦，请他们喝水，就当是慰劳一下他们吧，花几个小钱算不了什么。"

同事虽然从没想过自己的点滴之恩会有什么回报，但他的善意，那帮搬运工人确实感受到了，只要是同事的货，总会被装运得又快又好，老板和客人都非常满意。加上同事其他工作环节也处理得很好，在一年之内，老板就给他加了两次工资。

两年之后，这个同事自己出来单干。由于他工作出色，深得客户的信赖，有几个客户主动跟他联系，把生意交给了他做。经过多年的用心经营，同事的公司蓬勃发展，很快就在一线城市站稳了脚跟。

同事的故事告诉我，与人为善，一定不能刻意，自然流露出来的关心和善意才能真正打动人心。真正的善意绝对不是带着目的去讨好别人，而是发自内心地去善待他人。它可以是在骤然降雨的街头，有伞的人送没伞的人一程的美意；可以是小心把垃圾丢进垃圾桶，减轻清洁工负担的无心之举；可以是为有需要的人让座、给更急的人让个路、帮尴尬的人解个围的温暖；如果是拾金不昧、路见不平拔刀相助之类的就更了不起了，简直是英雄的义举。

也许，善意给了别人之后，并不能给自己的生活带来任何的不同，但是机会总是留给用心的人，上天也不会总辜负善良的人，也许在某一天，改变你命运的机会就来了。

所谓得道者多助就是这个道理吧。

3

现在的社会纷繁复杂，很多人都吃了不少亏，心也慢慢地变硬了，再也不会随便把自己的善意施舍给别人。可无论人心如何不古，人心都是肉做的，生活在我们身边大多数平凡普通的人，心都是肉做的，如果人人都能献出一点爱心，世界就会变得更美好。别吝于对别人展露善意，也不需要急着去拒绝别人的善意，你帮我，我帮你，每个人都可以是我们的贵人。

正如孟子所说，得道多助失道寡助，一个人呢，善行做多了，必定能得到别人的心，也能帮自己赢得一片天空。

会说话的女人，
都美成了什么样子

1

随着全国两会的召开，一个女人火了起来，人们对她的能言善辩赞不绝口，也为她温婉秀丽的容颜而倾倒，纷纷称赞她为"中国之光"，风头艳压所有女明星。她就是全国人大发言人傅莹。

傅莹是全国人大第17位发言人，也是第一位女发言人，主要在全国人大新闻发布会发言及回答各国记者的问题。她同时也是我国的副外交官，已经在国际各种大会代表中国"激战"过各国政要无数次，每次亮相，她那得体而时尚的装扮和那标志性的满头银发以及那温婉的笑容，都有一种让人如沐春风之感。

作为发言人，当然要懂得说话。代表国家发言，说话时更加要做到温和节制、有理有据、滴水不漏、大方得体，该强硬时就强硬。在这一方面，傅莹做得真是无懈可击。

当西方记者提到我国军费增长越来越快，已经威胁到全球地区安全时，傅莹直接回答对方说："中国的军费为国民生产总值的1.3%，远不及北约成员国的2%，我不知道你们是怎么评估这个趋势的，是不是也应该问问你们是什么考量？"

回应美国记者提出的中国军费增长引起世界不安和警惕时，傅莹更是直接反击道："过去十多年世界发生的战争哪次是中国造成的？"

当记者谈到朝鲜问题，问她中国是否正在失去对朝鲜的控制权时，傅莹更是笑着回答说："我们中国从没想过要去控制哪一个主权国家，同样，中国作为一个主权国家，也不受任何别国的控制。"

南海问题、人权问题、贸易保护问题……无论媒体的问题有多刁钻直白，她都不急不躁，见招拆招，让提问者无言以对。

这种场合，并没有演讲稿，傅莹完全是临场发挥，兵来将挡，水来水掩，靠着对国际形势和国内民情的了解和洞察，她才能从容敏捷地对付各种突如其来的意外。此非十二分功力不能对付。

澳大利亚联邦律政司部部长卢铎称赞傅莹为"他见过的逾千大使总的No.1，最能代表和维护中国的利益，最富有影响力和魅力"。

英国《外交官》杂志授予她"年度亚洲外交官奖"，称赞她以"难得的坦率和富有人情味的方式，充分显示了中国希望通过合作寻求发展，在应对国际社会面临的共同挑战方面发挥更大的作用，最终建立一个和谐世界的愿望"。

看看，这个会说话、高情商的女人都美成了什么样子！

2

会说话有多重要？

太重要了。

古时，张良利用"妙计＋口才"使刘邦脱险；诸葛亮舌战群儒，激得孙权与刘备合作，在赤壁大败曹操；还有魏徵力谏唐太宗……而现在更有能够运筹帷幄的外交官和各种发言人，不动刀、不舞枪，凭借一副口舌就能搅起阵阵风云，也能平息各种怒火和危机。

他们活在政治的大舞台，光彩夺目，受万人景仰。

说起口才好的女人，不得不提起宋美龄。

很多人都知道宋美龄是蒋介石的夫人，却鲜有人提及她出色的外交手腕和口才。

蒋介石并不太喜欢也不擅长交际，也不懂得英语，他需要一个能弥补自己缺点的贤内助帮忙。所以，拥有杰出英语功底、会说六国语言、琴棋书画样样精通的宋美龄就隆重登场了。她在很多场合都担当着蒋介石的"外交官"，还曾接受美国总统罗福斯的邀请赴华盛顿进行访问，并在美国国会发表演说，呼吁美国朝野增加对华援助。

当时美国的所有媒体，都用较大的篇幅刊登了宋美龄的演讲，并给予了高度的评价，她的魅力一时间几乎征服了整个美国。许多美国的国会议员对她的演说词倍加赞赏，把她喻为世界著名政治家。

罗福斯总统对她甚是欣赏，就连当时的英国首相丘吉尔也曾不止一次在公开场合声称宋美龄是他在这个世界上最欣赏的少数女性之一。

尽管她后来并没有取得这些强国的支持，但她的气度、学识和口才已经让他们折服，也因此而美名远播。

一个女人，能饱读诗书，已经很了不起；如果她再文采出众，那就更美,如果她还能言会道,那就更魅力无穷了。

一个女人,家世优渥没什么了不起,嫁给一个厉害的老公也没什么了不起,但如果她能在嫁入豪门之后,成为老公的左膀右臂,能言善道,懂得察言观色,能用语言代替长枪短炮,帮助老公打下更多的江山,那就很了不起了。

会说话,并不等于多话,而是言简意赅,一语中的,不喋喋不休,也不粗暴抱怨,而是温柔有力,让人为之倾倒。

这,就是女人的顶级魅力。

3

会说话、表达能力强的女人,即便长相没那么出众,也一样让人觉得惊艳。

当初余秀华刚凭着那首《穿过大半个中国去睡你》红透大江南北时,很多人都对她充满了好奇,当听说她是一位脑瘫诗人时,当即对她投去怜悯的目光,觉得她很可怜。

脑瘫的人,都长什么样呢?在很多人的眼里,那代表着一种无法治愈的病。我家族也有因为出生时脑袋缺氧而造成说话不流畅、行动不便的人,在我的印象中,脑瘫病患者起码从肢体语言来说就一点都不美。

　　后来，余秀华上了凤凰卫视的《锵锵三人行》。看完那个节目之后，我激动得又回头看了两遍，她在节目上与窦文涛、梁文道两位才子侃侃而谈，没有丝毫怯场，那语调、用词根本就看不出她是一个脑瘫病人。就是那一次的谈话，让我对她刮目相看。如果说，之前她只是一个有才华的女人，那么，通过那次的谈话，很多人都开始觉得，她不但是一个才女，还是一个有魅力的女人。

　　有才华但不善于沟通的人，往往很容易被人忽略；既有才华又有口才的人，很容易就会像星星那样，闪闪发光，让人见其神采而心生爱慕。

　　会说话又长得漂亮的女人，像董卿那些主持人，那更加不得了，人生简直像开了挂一样。就算是普通女人，会说话，也会与众不同，得到特别多的机会。

　　我有一个表妹，因为从小就古灵精怪、能说会道，打中学时代起，就是学校各种晚会的节目主持人，练就了一副大方得体的仪态。毕业后，她进入了一家待遇非常好的企业实习。一起实习的十几个人，个个都很优秀，很勤奋，但遗憾的是，十几个人当中，只有两个人能留下来，并且其中一个留在总部，另外一个去分部。经过一番激烈的竞争，表妹和另外一位实习生顺利地留了下来，就看谁有本事能留在总部了。

不久之后，这家企业要举办元旦晚会，表妹毛遂自荐去做主持人，一番用心的准备之后，表妹非常出色地完成了晚会的主持工作，她出色的口才给领导留下了深刻的印象，也让她理所当然地留在了总部。

有才又会说话的女人，都美成了这个样子。

4

古诗云，"富有诗书气自华"。虽然平常人的知识储备、见识世面未必能让人有"听君一席话，胜读十年书"的感觉，但若能懂得在什么场合说什么话，就算没有舌绽莲花，妙语连珠，也能让人心里舒服，乐意亲近。一个懂得说话的女人，必定是一个聪明智慧的女人，必然也是一个美得熠熠生辉的女人。

高情商的人，
都很懂得说"不"

1

我有一个朋友，我称他为"不先生"。因为无论遇到什么问题，他的第一反应永远是"不"和"没办法"。

他开车出去，还没到停车场的时候就开始念叨："一会儿肯定找不到车位。"你若是告诉他哪里有位置，开始的时候他肯定会说："那边人那么多，怎么可能会有车位？"

好了，一会儿等他开进去的时候，还不用兜圈，就发现了空位。

你要是求他办一件事，无论什么事，刚开始的时候，他说的必然是"不知道""不可能""做不到"，有时我对他真是恨铁不成钢，不厌其烦地劝他："你没试过怎么会知道不行？你先试试，不行再说吧。"

简直是循循善诱，如同父母教导自己的孩子，老师教导自己的学生，很想发火，但又不得不低声下气。有一次，我要他回单位开一份证明出来办某件事，其实是很简单的事情，结果他又是一开口就拒绝了："不可能，单位是不会同意开这种证明的。"

你求他，对他威逼利诱，统统不成，就是不愿意去做。

这位"不先生"毕业快十年了，当初跟他同一批进公司的五个应届毕业生，除了他，其他的四个人早已经是经理或副总级的职位，而他的上升渠道一眼就能看到头。

其实，一个人混得好不好，跟学历真的没有多大的关系，而是跟情商有关系。一个高情商的人，不但善于解决问题，还很懂得如何去表达自己的不同想法。那种不想办法去解决而是想着去逃避的人，不但情商低，也不成熟，更加成长不起来。

2

像我这个朋友，跟他在一起有好也有坏。好的是，他很老实，做什么都循规蹈矩，所以他们单位很放心地把采购部门给他管，因为他们领导相信，他一定是不敢偷吃的那种人。但是坏处也是显然的，就是你千万别指望他能帮你什么忙，而且特别讨厌的是，跟他一起久了，你就会不由自主地被感染，连口头禅也会变成"不"了。

记得刚做销售那会儿，我们每天都要去上司的房间里汇报工作，一次，我正说着，上司忽然打断了我的话，说："我发现你有一个毛病，就是经常说'不'，无论我说什么事，你一开口就说'不是'，你这个坏毛病一定要改！"

我这才惊觉，自己真的如上司所说，别人说一件事，无论自己赞同还是反对，轮到我表达自己意见的时候，"不"字总会不由自主地脱口而出，几乎成了一种条件反射。

后来当我自己也遇到这种人后，我才明白什么都说"不"的人有多讨厌。

对方虽然并没有很反对你，但就是要说"不，不是这样的"来作为自己的开场白，让人一头雾水，浑身不自在。

经上司提醒，我意识到自己的问题，便刻意地让自己去减少说否定词的频率，然后用"对呀""你说得很有道理""我也挺认同你的想法的"之类的语句来开场，结果效果是惊人的，当我用这样的一种语气跟周围的人沟通之后，发现别人的语气和态度真的变温和了许多。加上得体的肢体语言和笑容,就更显亲和力了。

3

一个情商高的人,必然很懂得说"不"。

我有一个同事,是一个外表很娇小的女孩子,然而她却是销售部的一员悍将,深得上司的信任。经过我的仔细观察,她的工作习惯是这样的,每次开周会的时候,上司会发言,或者做总结,然后请同事们说出自己的看法和计划。有些同事会在上司提出某些想法的时候,一开口就喜欢持否定的态度,但女同事却是先简明扼要地重复一遍上司说过的话,然后逐点分析和回答,就算她不同意上司的看法,也很少直接用"不"或者"不可能"来作为开场白。

估计上司很喜欢她这种态度,觉得她能深刻理解自己,再加上她应付客户确实有一套,上司很快就视她为左右臂,对她委以重任。

其实也不能说她是拍马屁,她最厉害的地方就是,能用一种别人非常乐意接受的方式去表达自己的不同意见,而不是极其生硬地说"不"。一个懂得巧妙去拒绝别人的人,必定是一个情商超高的人。

越牛的人,就越懂得如何让人舒服。

情商高的标志之一就是:你拒绝了别人,别人还很高兴。

所以,在你想开口说"不",觉得不可能的时候,不妨先想一想,如何说才能让别人更容易接受。

4

像我朋友那样的人,其实就是典型的"怀疑论者"。

"怀疑论者"的主要特点就是胆小,做什么都不够自信,在思想上对于自己的想法总有一种"是的,但是"这样的态度,当然,他们迈向成功的步伐也是断断续续的,他们犹豫不决,并不是对自己的工作有什么困惑,而是在潜意识里怀疑自己的能力。无论做什么事,首先第一点就告诉自己那是一件不可能完成的任务,然后想也没想就拒绝了别人。表面上看起来是胸有成竹,但实质上是非常没有自信。而极端的怀疑论者,就表现出了对权威的一种蔑视,无论谁说什么,都喜欢习惯性地去否定。

这样的性格,其实跟他们的童年有很大的关系。

朋友说，他的父母是公务员，有地位，收入高，对他总抱着非常高的期望，也有一种"恨之深爱之切"的情感。一件事，如果不能让他的父母满意，那他不是挨打就是挨骂。记得初二第一学期的期中考试，他语文考砸了，一下子掉出了年级的前十名，他的父母因此而震怒，罚他一学期没有零花钱。

也许是父母管教太严格，从小到大，他什么事都不能做主，以致他长大以后既内向又叛逆。内向让他有点逃避困难的意味，而叛逆则让他极端反感别人的命令和权威。然后总是用否定来表达自己的抗议。

5

其实，我们都不喜欢"不先生"，而喜欢"是先生"。

一件事，如果交给"不先生"去处理，很多时候，他们往往会因为害怕而拖延行动；而"是先生"则会尽快找到解决的方法，不会找借口，就算到最后真办不成，但别人也觉得欣慰，因为对方真的认真地去试过了。

动不动就说"不"的人生，连试也不敢试的人生，还有什么意义呢？

读好书，
遇好人

第一次看《冰川天女传》是在小学四年级，从此之后一直无法忘记大侠金世遗。

金世遗是梁羽生武侠小说里的灵魂人物，从《冰川天女传》到《云海玉弓缘》，再到《冰河洗剑录》和《侠骨丹心》，他始终贯穿其中，是书中的主人公。他从小被遗弃，身患毒疮，饱尝人间艰辛，但所幸遇到高人毒龙尊者的收留，随尊者回到蛇岛潜心修炼武功，最后成为天下第一高手。

这个故事的套路，也是大部分武侠小说的套路，几乎是所有中国男人的兴奋剂。身边的男生，基本也是爱好武侠小说的多。

我一直记得梁羽生小说的武功招数，什么"穿帘过洞""倒挂金钩""金刚掌""一指禅功"，招招精彩，只可惜那时到底是年少，只知道一味追求故事情节，对于书中的佳句妙语、文章结构等倒没有什么心思去研究。读"四大名著"如是，各种明清小说也一样，总是重情节而轻文采，造成现在自己在遣词造句上学不到名家的一成功力。

我的少女时代，很懵懂，也很孤独，没有什么好友，唯有小说愿意时时陪伴左右。无论是阳光毒辣的午后，还是阴霾满布的傍晚，还是夜深人静的孤灯夜读，抑或是受了委屈以后的泪流满面，好像只有握住一本书就可以恢复春日的灿烂和秋夜的舒适。我觉得，是读书拯救了我。

高中毕业之前，我已经读完了梁羽生、卧龙生、金庸、古龙的武侠小说，也看了大部分的世界名著，明清小说看了不少，国内名家的小说也涉猎许多。后来迷上杜拉斯、村上春树和米兰·昆德拉，他们的书我整套收藏，看完一本又一本，疯魔了一般。

相比于杜拉斯和米兰·昆德拉，村上春树之作始终稍欠厚重，被人们称为"小资"也不无道理。如果看看他们三人的生活背景，就会明了这种差异的源头所在，毕竟村上春树是生活在和平年代，物质优渥，对生活的体验自是没有前面两位的深刻。

和平年代的人，大多爱写岁月静好、华衣美食，不愿意揭开社会的伤疤与探究人性的悲凉，喜欢沉浸在情爱的美好与永恒里，宽慰自己苦逼的日常。

其实这样也没有错，因为很多时候，读者需要的就是安慰与阳光，无论哪一种文体，能触动作者的心灵就是成功的。

后来看了《百年孤独》后，开始喜欢上这种魔幻主义的写作手法，连同莫言的小说也喜欢得不得了，那生动活泼的比喻、超脱现实的故事情节构成了迷离的荒诞主义，犹如平静麦田下潜藏着爱丽丝与长耳朵小兔的荒谬，让人免于沉沦悲惨的现实而生出许多对生活之外的向往。

有一阵子我开始不太喜欢张爱玲了，因为她的语句过于刻薄，她笔下的生活千疮百孔让人触目惊心，读着读着就有种无力承受的感觉。

现在想来，也不过是逃避现实而已。

生活的本质就是苦的，所以人们才对甜蜜的鸡汤甘之若饴。

最喜欢的还是明清小说，初二时读《老残游记》，非常惊艳，只觉文采斐然，用词精准、语句凝练，故事情节引人入胜，及至后来的元曲宋词，已是神一般的存在。

不得不说一下王小波，现在为止，唯一能让我放声大笑的便是他的书，当时看《时代三部曲》时笑得死去活来，无论是虬髯公吃鱼还是红拂夜奔，王小波的文字基本就是一剂"含笑半步颠"，让人发笑的同时，也为他的脑洞与趣味所震惊。

我想，一个人有没有趣，从他的文字就能看出来，一个热爱生活的人，无论现实有多艰辛和绝望，他都能弄出一点什么意思出来。就像读萧红的《呼兰河传》，你就一点也看不出作者是一个饱受贫困与情感困扰，一生都缺爱而孤苦无依的女子。

我想谁没有读过几本书呢？如果一一陈列，未免有卖弄与轻薄的嫌疑。而且自己的笔头始终欠缺一种力量，表达能力有限，心性无法洞穿许多扑朔迷离的真相，很多时候都是一知半解，囫囵吞枣罢了。

如果有时间，最好把所有书都从头读一遍，或许会有新的体会。

现在觉得，看书真的需要阅历，阅历不够时，真的很难体会到书中的意境和深意，书的魔力自然大打折扣。

所以，回望过去，我深觉过去看过的书，就如吃过的食物一样，只笼统记得当时的感觉，但诸多的细节已无从说起，就像已记不清到底有多少人曾经路过自己的世界。无论当时是如何悲壮激烈，抑或是来去无痕的云淡风轻，记不住的就是记不住，留下来的，定然就是珍贵的沉淀。

正如马尔克斯在他的鸿篇巨制《百年孤独》里所说的那样：幸福生活的秘诀不是别的，而是与孤独签一个体面的协定。

而这个协定，想必也包括读书和读人。

我有一本书，足以慰风尘。愿你也有一本书，可以度你过红尘，然后读好书，遇到好的人。

辑四

优质人生，
从懂得积累开始

不是读书没用，
是你没用

不读书的人事业有成，读书的人生活不顺，有人就说了，看呀，读书无用。你没有看到不读书的人背后付出的努力，你没有看到读书人的甘于平庸，却一厢情愿地把他们的成功和失败归结于是否读了书。

1

近日，网上流传着一则"网红撕书"的视频，两个有着标准整容脸的女孩对着镜头，一个一边撕书一边说："谁说就是要读书？我偏不读！"另外一个则笑嘻嘻地说："你不读书，也可以开跑车、用名牌。"神色之间，无不是对读书极度轻浮的嘲讽。

这个视频让我感到很不舒服，但又不得不承认，网红的话代表了相当一部分人的看法。"读书少却可以赚大钱、开跑车"的人，真是太多了。

特别是在盛行"刷脸"的今天，一波又一波的人奋不顾身地想要成为网红，仿佛只要搞搞怪、露露脸、露露肉就可以月入十万。

我们的社会好像越来越浮躁，一切都向"长得美、穿得贵、舍得花"看齐，媒体也在尽心竭力地宣扬这种以奢靡为美的风气，越来越多的年轻人深受影响，以为就算不读书，也可以凭借其他的"本事"过上不错的生活。

我的《世界正在惩罚不读书的人》的文章，有幸得到各大平台的转载，全网阅读量超过两千万。网友的看法却严重分化，有人赞成，有人反对。赞成的自然是认同读书有用，不赞成者我也理解，因为生活确实太复杂，远非一篇鸡汤文可以诠释。

记得读高一那一年，我们班搞了一场名为"读书有没有用"的辩论赛。之所以会有这个辩论赛，是因为"读书无用论"在当时已然大行其道。

只是没想到，十年过去了，社会发展一日千里，这股风气不但没有消淡，反而愈演愈烈了。真不知是幸还是不幸。

只是我认为，一个民族，如果都认同"读书无法改变阶层和命运，所以不应当过分看重读书"这样的看法，还是相当危险的。

2

随着网络的日益发达，纸媒已呈江河日下之态，看书的人真的是越来越少。相比读书，赚钱仿佛重要得多。

但与此相反的是，在地球的另一边，却有一个爱书如命的国家，那就是丹麦。

"终身学习"是丹麦的口号，根据联合国教科文组织的统计，丹麦人平均每人借书率为世界第二高。阅读在丹麦可以说是一种非常普遍的全民运动。

丹麦人均国民生产总值高达 34600 美元，全球排名第七，它拥有全世界最大的风力发电和船运公司；它的生物制药、工艺与设计，闻名全球；它的猪肉、培根与火腿、草地与草种等农牧产品，市场占有率均居世界第一。

一个人口只有区区不到六百万的弹丸之国，却有那么多世界闻名的产品，不得不让人钦佩。而这一切，又与他们国家长期注重国民教育是分不开的。

教育提高劳动者的素质，促使个人收入和企业利润、国家税收的增加，从而促进个人、企业和国家储蓄的增长以及国家资本的形成能力的增长，进而带动投资的增加，使经济得到增长。如此循环影响，就形成了一个国力富强、国民素质高的强国。

所以说，教育才是一个国家的根本。

丹麦人读书的费用百分之七十五都由国家补贴，这可以让他们的国民可以在没有任何经济压力的条件下读书。这一点，又是全球少有的优越。我们国家与他们相比，相差甚远，读不起书的人还太多，而读了书却又找不到工作或者找不到好工作的人也多；没读过多少书却有能力赚到钱的人也不少，正是因为如此，整个社会才会如此盛行"读书无用论"之说。

但任何一个民族的发展，都有一个由弱到强、由不完善到完善的发展进程，丹麦如此，中国更应该如此。我也相信，中国也会发展成像丹麦那样"人人爱读书，人人有书读"。

3

在我国古代，由于阶级森严，有"学而优则仕"的风气，只有读书才能踏上仕途，改变自身的命运与阶层，所以老百姓们普遍认同"万般皆下品，唯有读书高"的理念。但到了现在，读书早已经不是老百姓们唯一的出路，只要肯干，总能寻得三餐温饱，若再花点功夫，做个老板或者成为凭手艺吃饭的行业能人也是可以的。

这些人，虽然读书不多，但头脑灵活，思维开阔，刻苦耐劳，比起那些读了很多书，却思维僵化、不懂人情世故、不愿意忍受身体劳苦，或者不愿意为了钱而折腰的人，的确更有机会赚到更多的钱。

所以矛盾也正出于此。很多人，看到别人读了很多书却还是要为一日三餐而奔波忙碌，甚至连没读过书的人也比不上时，便说些读书无用的风凉话；很多读过书却没赚到钱的人，更是心酸地说：读书有什么用呢？还不如没读过书！

但是，你若问那些没读过什么书的却通过自身的努力争得一席之地的人，如果时光可以倒流，他们肯定也更加乐意好好读书吧。

因为随着社会科技的发展，低学历的人想要积累巨额财富的机会会越来越小，而高学历的人，正在慢慢占领财富圈。

前一阵子，《财富》发布了2016年全国40岁以下商界精英的名单，共40人入围。这份名单包括了滴滴出行的创始人、美团点评的首席执行官、赶集网的创始人和腾讯的副总裁等人。这些人，无一例外是受过高等教育的。

那为什么同样是受过高等教育，有些人却混得如鱼得水，成为行业的精英和领路人，而有些人工作了十几年还是拿几千块的薪水甚至找不到工作呢？是否真如大家所说，这些精英们都有好的出身？

滴滴创始人的创业资本是 80 万，而这 80 万，绝大部分是在阿里巴巴工作八年的积蓄。所以也不见得所有的年轻富翁都有一个"钱爸爸"。

真正拉开人与人的距离的，更多是情商与智慧，远见与洞察，胆识与决断的差异。

4

其实，说到底，不是读书没用，是你的情商不够用而已。

书呆子虽然可爱，但也让人痛心，因为他们才是最老实又最赚不到钱的那一群人。

所以，读书之人，要么就尽力读，读成一个像科学家研究员那样凭知识吃饭的人才；要么就早点扔掉那不合时宜的书生气，想办法融入社会，提高自己的情商，如此，方有机会为自己谋得一线生机。

别说你爱我了，
毕竟你连红包都没发过一个

1

闺密思佳陷入热恋有一段日子了。男方是她在网上认识的，据说是某事业单位的办公室主任，根正苗红，虽然年纪轻轻，但事业上的潜力已显山露水，前途一片光明。

思佳马上踏进30岁大关，一颗恨嫁的心已是尽人皆知。她对新认识的这个男人很满意，每天捧着手机和对方聊得火热，从此晨钟暮鼓，再也不空虚寂寞。

对方似乎很喜欢思佳，每天早上问好晚上请安，说爱她爱到发狂，恨不得马上娶她入门。

思佳甜滋滋地对我说："我终于遇到了一个爱我爱得如痴

的男人了。你知道吗？他每天都会说爱我，跟我说很多话，说等再过一段日子就过来找我，然后马上领证结婚。"

噢，对了，他们是异地恋，一个在杭州，一个在广州。

一个 30 岁、模样周正、工作稳定且拥有很大上升空间的男子，这样的条件相当不错，我为闺密高兴，庆幸她在青春的尾巴终遇良人，马上就可以踏入幸福的婚姻旅途了。

转眼间，情人节就到了，很多女孩子都在朋友圈里晒起了礼物和红包，唯独思佳一天都没动静。她是那种吃了一块巧克力也恨不得昭告天下的女人，情人节不发朋友圈绝对不是她的风格，很明显是出事了。

果然，还没等我发问，她就主动找我了，惆怅万分地说："今天真不开心。"

一问，才知道原来是没有收到红包，不但没红包，连问候也没有一声。

思佳有点犹豫地说："上次过春节，他也没有发红包给我。其实我并不是贪他的钱，我就图他的心意，'5.2'也好，'13.14'也行，他好歹也要表示一下吧。"

听说这个每天都在网上说爱思佳爱得死去活来，生病了嘘寒问暖，日常甜言蜜语一波接一波的男人，居然在过节时连个五块二的红包也没有给她发的时候，我瞬间就愤怒了。

他根本就没有付出过哪怕一丝的真心,又怎么会舍得给思佳花钱?

在网上说一万句"我爱你"又如何?反正也不用花一毛钱,还能意淫一番,何乐而不为呢?

我那个傻闺密,明显就是遇到了一个渣男。

2

真的,如果有男人每天都说他有多么的爱你,用尽世界最美的语言去赞美你,但逢年过节,连一个五块二的红包也不愿意发给你,那还是别信他说的话了。

五块二多吗?五十二块也不多,甚至是五百二也算不了什么。思佳一个月的工资都可以在当地买一平方米的房子了,要说她贪钱,还真不是,红包不过是一个肤浅的表象,其表达的关怀和在意才是女人真正想要的含义。

通过物质来表达爱情,是再直观不过了。很简单,一个男人,如果真爱一个女人,就会想娶她回家,养她,给她最好的供养。虽然到最后,女人结婚后都是自己养自己,但是男人最初的心愿真的就是这样：不管他养不养得起，不管他贫穷还是富裕，都希望自己心爱的女人幸福、快乐。这体现了男人作为一个有责任感的雄性生物的特性，也是一个男人的虚荣心所在。不管他能不能兑现自己的承诺，为了得到世俗的赞美，男人都愿意为了让心爱的女人过上好日子而努力拼搏。如果不是，那这种男人就是自私的。真的，一个在恋爱初期就不舍得花钱的男人和一个婚后要跟你实行 AA 制的男人一样无耻，根本不值得女人留恋。

我的一个男同学，从认识他老婆的第一天起，就很舍得为对方花钱。谈恋爱那会儿，天天甜言蜜语自是不必说，约会的费用也是他出的，逢年过节还有红包加礼物，看他女朋友秀恩爱时发的那些朋友圈，就会让人不由自主地觉得，谈恋爱竟然是如此美妙的事。

后来他们结婚了，同学虽然没有把工资卡交给老婆，但每个月都会主动给足够的家用让老婆随意支配。逢年过节的礼物该有的有，好得连我都开始怀疑人生了，为什么自己就遇不到这种男人呢？

当然，他老婆在他们的婚姻感情里肯定也付出了许多。但这是两码事，哪个女人在感情婚姻里没有付出许多？可有些女人就是连五块二的红包也得不到一个。难道真是同人不同命吗？非也，一切都得看她的男人有没有这份心意，爱不爱而已。

3

难道钱真的能代表真爱吗？

不能，但是如果连钱也舍不得花，就是没有爱。

经济和精神上的独立，使得女人越来越不愿意花男人的钱，她们甚至希望在恋爱时主动与男方实行 AA 制，或者采取你花大钱我花小钱的方式，目的就是表现自己的独立性，以及在分手时不亏欠男方太多，造成一种纠缠不清的乱局。

女人独立是一桩好事，但似乎也不是什么好事，造成的负面效果就是，男人越来越没有绅士风度，甚至都快被宠坏了。

之前在网上看到一则新闻，说的是一个女人跟男网友异地恋，一番甜言蜜语后女方以为自己遇到了真爱，脑子进水地订了机票飞到网友身边，一起度过了一个刺激的周末，得到的待遇就是男网友请她吃了两餐价值十元的快餐。

我要是生了这种女儿，我一定被气得七窍流血。

世间上最猥琐的男人莫过于此了吧，既不懂人情世故，也不懂怜香惜玉，一心只想着占便宜。占便宜也罢了，请人家吃一顿好的又如何？

　　我又想起认识的一个女人，她也曾经与千里之外的网友相谈甚欢，后来在网友的极力邀请之下，订了机票飞到对方身边。对于她的到来，男方自是激动，激动得连饭店也忘记去了，就让我朋友在他的工厂跟工人吃了一顿难以下咽的饭。饭吃完了，我朋友也清醒过来了，马上悄悄在手机上订了回程的机票，连夜飞了回来。

　　这场网恋的成本无疑是巨大的，单是来回机票都差不多五千了，更不用说感情损失费，那是无法衡量的伤害性成本。但是朋友非常庆幸自己做出了那样的选择，她说："一个第一次见面连饭也舍不得请你吃的男人，你别指望他会对你负责，就算以后在一起了，也会抠死你。"

　　朋友说得有道理，王思聪未必就对身边的每个妹子是真爱，但人家好歹也舍得花钱，如亦舒所说，如果没有爱，有很多的钱也是好的。

4

我当然知道,出手阔绰的渣男也大有人在,人不应该用钱来衡量真爱。但是有一点,我是确信无疑的,就是如果一个没那么有钱的男人在你们交往的初期,就已经很舍得为你花钱,天冷了给你买羽绒、天热了给你买口红,手机欠费了马上给你充上,生日了给你买蛋糕,那他一定爱你。因为,对于穷男人来说,他们的钱花在哪里,心就在那里。

所以,当一个男人言必称爱你爱到发抖,却连一个红包也舍不得给你发时,千万别信,因为那不过是他们无聊时抖的一个段子而已。

别活成一个
行走的"炸药包"

1

朋友说自己很害怕自己的老公。

我觉得有点奇怪,自己的老公,每天都会同床共枕的人,本应相亲相爱才对,又怎会害怕?

直到有一天,她邀我去她家做客,看到她老公,我才明白朋友的感受。

她老公,一个面色暗沉的东北汉子,身材高大壮实,走路掷地有声,说话铿锵有力,不,应该是走路像戴了脚镣,说话像打雷,再加上面无笑容的样子,简直就像一个行走的炸药包。

他们夫妻之间的对话是这样的:

朋友：今天想吃什么菜？

他：这种事情还用问我？

朋友：你晚上要不要加班？

他：你问这个干吗？

然后"嘭嘭嘭"地走进书房，"咣"的一声把门关上，地动山摇，连空气都在震动。

我悄悄地问朋友："他生气了？"

朋友无奈地说："他就是这种脾气，好像我欠了他几千万一样。"

"我每天都心惊胆战，不知道自己做错了什么。"

我问她："你们有矛盾？"

她摊手："没什么大的矛盾，也许他已经嫌弃我是个黄脸婆，想离婚，但孩子还小，不忍心。"

朋友向我诉说着她婚姻里的困顿和迷惑，不知道该如何是好。

我很明白朋友的感受，有一个动不动就生气的爱人，真是一件很难过的事。脾气不好的爱人，不但给不了伴侣温暖，还会让对方提心吊胆。在他们身边，你得小心翼翼，要不然，一个不小心，就把对方的定时炸弹给引爆，让你吃不了兜着走。

这样的人，真的有点可怕。

2

我有一个同事,也是这样的人。

她好像还不到 30 岁,但已经出来工作十几年,堪称职场老油条。她在我们公司,不但资格老,脾气也特别不好,总是一副随时都会发火的模样。

她是公司的后勤文员,公司的物资用品由她来管理发放,同事们的笔记本、笔等文具用完了,或者要申请新的电脑,或者要买什么东西,都要她去调配。其实在一般的公司,像她这样的后勤文员,都是很好说话的,也会很乐意地为大家服务,因为那是她的职责所在。但她不一样,她看起来永远那么高冷,永远那么暴脾气,如果你问她要什么东西,就算是一支笔也好,她总是爱理不理的,总要催三催四地才会去仓库里给你拿来,脸上也没有一丝的笑容,活像别人欠她几十万似的。

这还不算,有时她拿点什么东西给我们,从来不会轻轻地放下,而是"啪"的一声重重地砸下来,若你此刻正沉迷于工作,保准会吓一大跳。

她也很少对我们笑,无论在饭堂、公司门口,还是在街上碰到,她都是一副面无表情的样子,点头就算是打过招呼了,别人开口和她说话,她也爱理不理的。

如果想问她点儿什么,她总是不耐烦地说不知道,好像人家求她似的。

同事们对她真是又厌恶又害怕，厌恶她的火气和自以为是，也害怕她的身份，因为她是老板娘的表妹，就住在老板娘的家里，吹枕头风的机会很大。

所以，大家干脆不惹她，也不主动搭理她，在私下里偷偷地议论她："就她那副脾气，居然还有男人喜欢。"

后来她结婚了，怀孕后辞职回家生孩子。她走的那天，没有一个人去送她，大家都当什么也不知道。之后公司招了一个刚毕业的妹子，甜美爱笑，温和有礼，见人便打招呼，大家都很喜欢她，公司的氛围不知道轻松了多少。

像她那样随时都想发火的人，不但让人感到害怕，还会给人一种没修养的感觉。真正厉害的人物，很多时候都是极为平易近人、温和有礼的。让人害怕并不是什么了不起的能力，让人喜欢亲近才是，连朝夕相处的同事和家人都无法和颜悦色的人，无论能力多出色也成不了事，还可能分分钟坏事。

3

最近常常在网上看到那种一言不合就杀人的新闻。

有人肚子饿了，走进街边的饭店吃饭，然后不小心碰到别人或者被别人碰到，也不懂得平心静气地跟对方道歉，一言不合就吵了起来，结果一命呜呼。

有人被人唠叨了一两句，马上风起云涌、天地变色，一言不合就吵了起来，然后大打出手，双双挂彩。

有人总是莫名其妙就心情不好，也受不得丁点儿委屈，稍有不顺就对别人发火，然后把身边的人都得罪光了。

这些脾气暴躁易发火的人，也并非没有温柔的时候，他们在生活中，也许会养宠物，会同情流浪猫流浪狗，也不会主动惹事，但是就是很吝啬，不愿意给别人好脸色看。

这种人，其实在心里很清楚自己脾气不好，但就是改不了。他们包容不了别人，却喜欢要求别人包容自己的脾气和无名火。他们也从来都不在意自己是否有伤害到别人，但如果自己的利益被侵犯了，便会马上不依不饶，非要找个说法才算痛快，讲到底，他们就是超级自私的一群人。

浑身上下充满了暴戾之气的人，生活也一定不太顺利，在某种程度上可以说是无法控制自己日常生活中对愤怒的表达。从心理学来说，这种人属于自我型的人格，过于注重自我的感受，忽略他人的感受，注重情绪的发泄而忽略问题的实质。他们只知道自己不高兴，就算没什么事也会不高兴，却从来没有反思过，自己为什么会有这种负能量满满的情绪，对他们而言，不高兴已经是一种常态。

4

我们都不喜欢"炸药包"那样的人。

春夏秋冬，各有特色，但我们都喜欢温暖和凉爽的天气。对于人也一样，我们都喜欢性格温和、有安全感的人。性情不好的人，就算长得再美、能力再突出，也只能远观而无法接近。无法控制情绪的人，就是一个行走的炸药包，随时都有爆炸的可能。好好说话，把心放轻，把愉悦释放出来，让自己活成一道和煦的春风，才能走进别人的心里。

我们都应该避免做"炸药包"那样的人，所以我们要努力克制自己的情绪，遇到愤怒或者心烦的事时，别忙着发火，不妨先平静下来，或者保持沉默，想想事情的来龙去脉，或许很快就能雨过天晴，也少了纷争之苦。

所谓和气生财，别活成一个"炸药包"，让愤怒和怨气冲走自己的人脉和财运。

努力做一个平静的人吧。

做好人，
交好人

1

以前有一个人，来我家找了我爸很多次，但是每次我爸都不怎么理睬他。斟茶递水有，但远不如其对其他朋友的热情，也不怎么跟他说话，完全一副"他爱来便来，想走赶快"的态度。

那人衣着打扮一般，骑着一台破旧的男装摩托，发出轰隆隆的呼声，每次来都能把我家小巷的幽静震碎。他的摩托太招摇，我不喜欢。爸爸看起来也不太喜欢他，这又是为什么呢？

于是我问爸爸："你为什么对那个人特别冷淡？"

爸爸说:"他不是一个好人。"

我觉得有点奇怪。那个人除了有点吵,其他好像没什么不好,每次来都很有礼貌地问好,还会捎点水果或者饮料什么的,比那些空手上门的朋友有礼貌多了。听说他为人还很大方,经常出钱出力帮朋友,在道上颇有影响力。

爸爸闷哼一下,说:"就不是个东西,不知道祸害了多少小女孩。"

再一问,原来那个人虽然已经结婚,但很花心,经常在酒吧喝酒,然后占女孩子的便宜。

真是人不可貌相啊!如果从表面上看,他衣着打扮得体整洁,待人接物真诚有礼,说话温和有礼,为朋友两肋插刀,这种男人,难道不是电影中的"大哥"式的人物吗?

但这样的人却是一个视女性为草芥,喜欢玩弄女学生的人渣,简直就是道德沦丧。

不久之后,听说这个人真的因为涉嫌酒后强奸未成年女学生而被判入狱。

真是大快人心啊!从此之后,我就更崇拜爸爸了,觉得他特别有道德和有底线。爸爸经常说的一句话就是,有时候我们未必能做到为别人贡献或者牺牲,但也不可心存害人之心,做人要对得住自己的良心,要尽量做一个好人,然后与好人相交。

2

　　我刚出来工作的时候，认识了一对非常善良的兄妹，哥哥叫君，妹妹叫燕。哥哥在商场租了一个摊位，卖银饰；他请了两个员工，一个是他妹妹燕，一个是我朋友美子。美子刚从学校出来，因为穷到交不起房租。那时候君虽然是一个老板，但其实并没有什么钱，他没房没车，连房子也是跟别人合租的，只不过是稍为高级一点的白领公寓罢了。君让美子住他那里，买了一个上下床放在客厅，美子睡上铺，燕睡下铺，他自己睡房间。偶尔还会带她们出去吃顿好的，待美子如同亲妹。说实在的，美子和他也不过是萍水相逢，他完全可以像其他老板一样，给她工作，但不提供食宿。他之所以让美子住在他的客厅，完全是出于一片好心，是一种仗义和善良。而且他一个血气方刚的男青年，居然可以和一个和自己没有血缘关系的年轻女子同住一年而没有起过什么歪念，这已经是一种十分了不起的品格了。

　　曾经有人说过，看一个男人是不是好人，就要看他够不够尊重女性，一个不会占女人便宜的男人，想必在其他地方也会光明磊落，是一个坦坦荡荡的真君子。

美子说，她一辈子都不会忘记君和燕两兄妹，虽然大家已经失联很久，或许这辈子都无法再见。虽然人走茶凉，但茶香犹在，茶韵更是悠长。有些人，就是会如同那茶韵一样，永久地留在你的记忆里，让你在某时某刻某个地方，就会触景生情，想起对方的好，回味不已。

我想，这就是做好人的意义所在吧。它也许不会立刻给我们带来什么利益，却让人难以忘怀，满怀感激与敬重。

3

我在这里所说的好人，泛指没有特别明显道德缺陷的普通人。喜欢占便宜者、喜欢搬弄是非挑拨离间者、作奸犯科奸淫掳掠者，统统不能称之为"好人"，麻木不仁路见不平闭眼走过的，也算不得好人。只有一个人遇事时一心为别人好，懂得体谅和体贴别人的人，才能称作好人。

从小到大，长辈们都孜孜不倦地教导我们，要做一个好人，然后跟好人做朋友。

曾经读过这样的一个典故。

有一个叫浩生的齐国人曾经问孟子,乐正子是一个什么样的人。

孟子说:"他是一个好人,一个靠谱的人。"

浩生又问孟子:"什么样的才叫好人?什么样的人才叫靠谱?"

孟子说:"值得追求的叫作善,自己有善的叫作信,善充满全身叫作美,充满并且能发出光辉的叫作大,光大并且能使天下人感化的,叫作圣,圣又高深莫测叫作神,乐正子的人品,在善与信之上,在美、大、圣、神四者之下。"

孟子认为,乐正子虽然算不上很完美的人,但也可以称之为好人。

他把人格的美看作是个体人格中实现了的善,即人格的美包含着善,又超过了善。

一个善良的人即可以称之为好人,何谓善良的人?就是愿意帮助他人的人。孟子是我国古代的思想家、圣人,一生都在普度众生而无一己之私。他的成就毫无疑问得益于他的母亲——孟母。

孟子的母亲孟母,为了让孟子成才,可谓费尽了心思。她为了让孟子在一个良好的环境长大,搬了很多次家。刚开始时,他们家住在墓地附近，常有人哭丧，久而久之，孟子就学会了哭丧，孟母觉得这个地方对孟子影响不好，就搬到了市集旁，但时间一久，孟子又学会了买卖和屠杀的小把戏。后来孟母索性把家搬到了学校旁边，于是孟子就学会了鞠躬行礼和进退的礼节。孟母很高兴，认为这些才是孟子需要学习的东西，于是就把家安在了这里。

这个故事说明了，环境的确能对人产生深重的影响。所谓近朱者赤，近墨者黑，一个人，若想做一个好人，就要结交有品格的朋友。出淤泥而不染，会有，但是很难。

4

人活在世界上，或多或少都会受到旁人的影响。很多时候，我们都是身不由己，面对这世间的万千诱惑，真的很难做到独善其身。所以有很多人被魔鬼拖下了泥潭，迷失了自我。

所以，我们要抵抗魔鬼，尽量远离魔鬼，然后与天使为邻，独善其身的同时，也让人间多一点爱。

做好人，交好人，才能让生活变得更简单、更美好。

比情商更重要的
是睡商

1

同事阿美是一个特别恋床的人,离开了自己熟悉的那张床就会变得难以入睡,所以每次出差于她而言都是一种出生入死的考验。

记得去年阿美去香港参加一个行业展会,要在那边待五天四夜。她白天去公干,晚上回到酒店后已经筋疲力尽,但就是睡不着,一躺床上就像打了鸡血一样精神百倍,第二天一早又不得不打起精神去见客户。

由于没睡好,她非常疲惫,在开会的过程中连眼睛都睁不开,频频走神,错过了客户提出的要点。在她数次对客户说出

"Pardon"和"Sorry"之后，客户无奈地说："你看起来状态不是很好，我们不如下次再约吧。"

阿美深知，如果这次的会谈不顺利，那客户转身就会走进竞争对手的公司里，从此之后想再约就难了。

于是阿美又猛灌一大杯没有加糖的咖啡，希望这样可以让自己提起精神来。但连续四晚睡不好，再强烈的咖啡刺激也失去了作用，阿美的脑袋混乱得一塌糊涂。

那天，阿美还是遗憾地送走了客户。

其实，阿美的谈判能力还是很出色的，业绩屡居公司前列，情商不可谓不高。

那一年公司要在几个业绩优秀的同事中选一个当部长，阿美虽然业绩很出色，却因为长期无法适应出差而遗憾落选。

阿美虽然委屈，但也只能打落了牙齿往肚子里咽，谁让自己"睡商"太差呢？

睡眠差，不但影响自己的健康，还影响生计，还真是既无辜又悲催呢！

2

很多人都说情商很重要，但在我看来，"睡商"比"情商"重要太多了。

"睡商"，简单来说，就是睡眠的阈值。阈值越低，就越容易入睡；阈值越高，就越容易失眠。

如果说情商高的人会更容易成功，那么"睡商"高的人则更容易感到满足和幸福。

我有个朋友是杂志编辑，他平时既要上班收稿，手头上还运营着多个微信公众号，整天都忙得找不着北，有时半夜三四点还在选稿看稿，第二天早上照样起来上班。就这样当别人问他累不累时，他居然还说不累。

因为他虽然工作时间长，但睡眠特别好，几乎是一沾枕头就能睡着，并且一觉睡到自然醒。

这样的他，虽然睡得晚，但经过几个小时高质量的睡眠修复，第二天又可以精神百倍地投入到工作中去了。

去年他由于工作出色被提拔为副主编。工作有所成，家庭幸福，睡眠也够，虽然赚钱不多，但他说已经很满足了。

有些人虽然睡眠时间长，但质量不高，总是做梦，也很容易惊醒，这种人就算睡得再多，也还是会觉得精力不济，累。

而睡眠质量高的人，就算睡眠时间只有短短的四五个小时，但由于质量特别高，所以脑细胞修复得非常快，办事效率也高。

传说英国撒切尔夫人每天就只睡 4 个小时，但她的精力却充沛得惊人，天天日理万机至深夜，长年如一日，一直活到了 87 岁。

"睡商"高、睡眠好的人都有一个特点，就是特别乐观、不纠结，心胸也特别坦荡。这一点很重要，会直接影响一个人的生活和性情。

一个睡得好的人，是不会那么容易患上忧郁症的。而睡不好的人，神情疲倦不说，还容易忧郁、悲观甚至容易迁怒于旁人，既影响人际关系也影响财运。

3

美国非营利性研究机构——兰德公司，通过分析雇员因缺乏睡眠而缺勤的频率和因为睡眠不好而引起的工作效率下降的情况，得出了一项结论：

由工人缺乏睡眠所引发的生产力下降、死亡风险增加等现象使国家经济的年损失高达 4110 亿美元，相当于国内生产总值的 2%。

并且，该报告指出，睡眠不足不仅对人的身体健康造成重大影响，也会造成产能水平降低和员工死亡风险提高。

他补充说："改善个人睡眠和延长睡眠习惯大有裨益，若一个人每晚的睡眠时间可以由 6 小时增加到 6～7 小时，这将为美国经济增加 2264 亿美元。"

如上面的报告所说，睡得好，的确可以成为我们多赚钱的一个非常有利的因素。

我们会发现，大凡成功的创业者，除了高情商，还有高的"睡商"，他们虽然睡得少，但睡得好，也没有什么时间去胡思乱想、伤春悲秋，所以我们说"睡商"高的人更容易成功。

睡眠好并不一定能让一个人多赚钱，但睡眠不好，却有可能让人因为判断失误而少赚钱；睡眠不好，就算赚了很多钱，也会因为体力透支而病倒。

4

人类有三个方面最重要，那就是吃、穿和睡。

一个婴儿，只要让他吃饱穿暖睡好，他就可以健康地成长。

一个人情商不高，他最多一事无成；但若是"睡商"不好，那他就有可能一命呜呼。所谓命之不在，钱又有何益？

"睡商"不好不单单是睡眠不足，更多的是难以入睡。

我们不是撒切尔，也不是只睡4个小时还能取得成功的极少数精英，对于普通人来说，也许有人一生连一套房子都买不起，也无法在哪个领域有所成就，但如果能吃好穿好睡好，有好的心情，就有可能拥有一个幸福快乐的人生。

人生在世，财富与成功纵然很重要，但和生命相比，一切又轻于鸿毛。

人有三分之一的时间是处于睡眠状态，可以说睡眠就像一个建筑的主体，也是生命的基石，一切的繁华美好都紧附其上，依其而生。

情商高的好只有情商高的人才能体会，但睡得好不好，却是每个人都能切身体会的。

年轻的时候，我们拼命追求，不惜一切也要为自己争得一席之地。等年老后才明白，身体健康最重要。

能睡好，身体好，才是真的好。

女人穷不可怕，
可怕的是失去了羞耻心

1

昨天在网上看到一段视频，一农村妇女犯了事，几名公安干警准备执法的时候，惊人的一幕发生了！只见那个妇女竟然脱下了裤子，然后是上衣，最后连内衣也脱个精光，就这样裸体展示在众人面前，一副死猪不怕开水烫的模样，真是一点羞耻之心也没有了。

很多人肯定以为是这个村妇受到了欺辱，才会出此下策申诉自己的冤屈。其实不是的，据视频介绍，这位村妇向来刁蛮，经常在村里骂街、横行霸道，村民们都忍她很久了。

关于这类一言不合就脱衣服的行为，除了发生在相爱的两个人之间和精神有问题的人身上,我在生活中还真没见过这样的人,特别是女人。因为没有哪个精神正常的女人会当众脱衣服,让自己赤裸裸于众人眼下,丝毫不掩。

再来看看那个妇女,年约四十岁,满身横肉,肥头大耳,一看就是那种粗鄙没有修养的村妇。但这并不是她失去羞耻之心的理由,大部分的中年妇女都这个体形,她们也不会一言不合就脱衣服骂街、造谣、霸凌。事实上,她们还是很要脸的,这也是她们生而为人,还有一点羞耻心的表现,这也是她们高级、优越于前者的一面。

很多女人,没生孩子之前还会保留着少女们的纯真和羞耻感,她们还会很用心地收拾自己的仪表,还会注意自己的言行举止。可是一旦她们生了孩子,做了妈妈后,就会变得无比彪悍,顺便也失去了羞耻心。

什么是羞耻心呢?羞耻心其实是有自知之明的一种表现,是对自己不当行为的一种认识和反省。有羞耻心的人是一群还没有失去道德感的人,她们会时刻注意自己的言行举止,从而让生活和社会充满了和谐。

一个失去了羞耻心的人,道德底线是非常低的,她会为了利益做出毫无底线的行为来,她不关心,也不在乎别人怎么看她,她只在乎自己的既得利益。这大概就是一个女人最可怕的样子吧。

2

让我们来看看一个女人是如何一步步地失去"羞耻心"的，先看这样一个故事：

一个女孩子，她经过甜蜜的恋爱之后，结婚了。可能她自己的条件并没有那么好，也可能是她的命不够好，嫁的老公没有想象中的那么强大，没法让她在婚后琐碎的生活里保持温柔和体面。特别是生了孩子以后，生活拮据了许多，这个女人不得不定期去超市里抢购一些特价的生活用品，不得不一大早就起来走好长的一段路去市场买新鲜又便宜的菜，不得不排队跟别人抢一些廉价的商品，不得不大汗淋漓地挤公交和地铁，被人挤得东倒西歪还得马不停蹄地赶回家做饭。如果她丈夫很软弱，什么事也做不了主，使她不得不像个男人一样龇牙咧嘴地捍卫、争取自己的利益，这种时候，她就免不了要和人发生碰撞和误会。有些人会抱怨两句然后一笑而过，但是也有人会睚眦必报、寸土不让甚至咄咄逼人。这种女人已经被生活折磨得失去了耐性，遇到烦心事的时候，往往一言不合就开火，粗言秽语不绝于口。她们往往把别人不经意的冒犯当成一场严重的异族入侵，会产生一种驱赶敌人而赢得战争的必胜之心，此情此景，她们会不由自主地把"羞耻心"这三个字抛之脑后，不顾形象地吵起来。

我也曾有失去羞耻心的时候。记得有一次，我去深圳办事，在同学家住了一晚，一大早就坐地铁赶着去办事。那是我离开深圳很多年后重回故地，那时我已经在一个小城过惯了舒适悠闲到哪里都畅通无阻的生活，所以变得有点不太适应大城市的拥挤。我很不适应在深圳地铁里要排 20 分钟的队才能通过安检的那种盛况，我眼睁睁地看着周围的人争先恐后地挤上地铁，一个一个被挤得人仰马翻，我眼巴巴地等了三趟都被人潮无情地挤了下来。眼看着第四趟再挤不进去我就会迟到了，我果断发力，拼了命地往里面挤。这时，旁边一个女人很用力地挤到了我前面，用肥厚的后背挡住了我前进的步伐，我一看就来气了，猛地推了推那个女人，恼怒地对那个女人说："干吗插队？"

那个女人不但没有停下，反而挤得更用力了，还重重地踩了我一脚。

一阵痛意从脚背传来。我怒了，不由自主地推了那女人一把。女人急了，回过头来大声地朝我嚷嚷道："你干吗推我？你有毛病？"

我也怒了,毫不客气地对骂回去:"你才有病,自己插队还有理了?"

我们两人都被人潮挤上了地铁,但是怒意还是没有平息下来,两人继续吵:"你踩到我脚了知不知道!"

"谁让你推我!"

"因为你插队!"

我们你一言我一语的争吵声惹得地铁里的乘客纷纷侧目,仿佛都在说:"天啊,这两个泼妇!"

我的脸一阵发烧,那一刻深深地为自己感到可耻。我发誓那是我第一次当众吵架,才知道,原来吵架的时候,真的都是理智全无,一丁点儿的羞耻心都没有了。

我想,像自己这样平日生活无忧的女人尚且有情绪失控、失去羞耻心的时候,那些长期处于紧张和混乱中的女人,更加不用说了。

3

失去羞耻心对于一个女人而言,真是一件很恐怖的事情。

它会让女人变得不再可爱,会让女人变成一个没有底线的泼妇。

事实上,"温柔的娇羞"正是一个女人的吸引力所在,也是一个女人内心深处那一抹最可贵的柔软。一个女人,无论她有多强悍、多能干、多泼妇,只要她内心还存在着一份"羞耻感",她就还是善良的、可爱的女人,她就干不出什么缺德的事来。

关于羞耻,孟子曾说:"无羞耻之心,非人也。"

陆九渊说:"耻存则心存,耻忘则心忘。"

马克·吐温说:"人是唯一知道羞耻和有必要知道羞耻的动物。"

一个人,他可以穷,但不能失去羞耻之心,因为那是守护良知的最后一条底线;一个女人,她可以穷,可以糙,可以泼,但她不能没有羞耻心。没有羞耻心的人,根本与动物无异,毫无道德底线,无论什么都干得出来,这是让人不齿的。

好好守护我们的"羞耻之心",坚守我们做人的准则,坚守做女人的底线,即使为人、性格有瑕疵,但依然是值得交往的女人。

优质人生，
从懂得积累开始

1

早上起来刷朋友圈的时候，看到一个创业比较成功的朋友发了一条颇有意思的朋友圈，阐述了三点意思：

一是创业初期原始资金积累的重要性；

二是人脉资源积累的重要性；

三是首次创业失败再启动资金积累。

朋友出身贫寒，属于白手起家，从创业初期到现在，吃了无数的苦，受了无数的难，熬到今天，也算是出人头地了。也许是出身农村的缘故，她特别能吃苦，也特别懂得合理调配资金。她绝不是那种大手大脚的人，因为她知道自己赚的每一分钱，都来得很辛苦。

她的创业资金,也是一分分地省下来的。她说,穷人想创业或者买房子,启动资金光靠开源是不够的,还得节流,知道省钱,能省一分就是一分,这样才有可能存下钱。

很多人从自己的家乡跑到外地去打拼,起早摸黑,朝六晚十,住狭窄阴暗的农民房,坐挤得如同沙丁鱼罐头一样的公交和地铁,吃地沟油做的快餐。累死累活把自己弄出一身的毛病,无非就是为了赚点钱。

大城市的生活五光十色,欲望四处流窜,它会让人们看到什么都想买,遇到什么好的都想享受,想做什么就做什么,完全没想过去控制自己。但无数成功者告诉我们,要想成功,首先得控制自己。如果见什么都想要,都想买,当时的虚荣心是满足了,可是对自己的未来一点用处都没有。

其实朋友的说法我特别认同,刚毕业的时候,我曾经跟风买过一个名牌包包,前面的一个月,特别满足,虚荣心得到了无限的满足,可是很快我就觉得,一万多的包背在自己身上也没有什么特别的不同,所以我很快就厌了那个包,从此之后很少背它,也因此觉得自己特别浪费。

后来想想,如果当初用那笔钱去报个英语培训班或者其他什么培训班,兴许还能学到一技之长呢!

朋友是做销售起家的,经常全国各地出差跑客户,能坐公交地铁的绝对不打的,衣服能在批发商那里拿货绝不会去商场做冤大头,也绝不讲究什么名牌,东西好用就行。也许在很多人眼里,她的日子过得很便宜,可就是这种"过便宜日子"的态度,让她在短短五年之内就存到了 20 万块。而这 20 万就成了她创业的第一桶金。

2

想要创业成功,拥有启动资金只是最基本的,最重要的是客户资源和人脉的积累。

朋友刚开始是在服装厂做业务助理的,三年后升为业务员,由于做助理时跟单跟得好,升为业务员后上手很快,很快就成了公司的销售能手。成功开发到客户后,她很用心地去维护客户,平日工作用心处理妥当不说,工作之余也很懂得和客户们沟通互动,客户遇到问题也很愿意帮忙解决。

有一次,她的一位客户要出门旅行,家里的那只狗不方便随行,于是便托她帮忙照顾。朋友把客户的狗带回家后,每天都细心地照顾狗的饮食,帮狗狗洗澡,清理狗的排泄物,每天早上六点起来遛狗。朋友其实并太喜欢狗,但是为了维护与客户的关系,她只能硬着头皮上。后来客户对她越来越信任,有事情第一时间找她帮忙,都差不多把朋友当成他们的私人助理了。不过,与之相应的回报就是,那个客户几乎把一半的订单都给了她。

朋友就是这样,赢得了一个又一个客户的信任,为自己积累了关键性的客户资源。除此之外,朋友还很注重和供应商的互动,没事就发个短信打个电话问候一声。

几年后她出来创业,有了之前用心积累下来的启动资金、客户资源和供应链资源,她很快就在行业站稳了脚跟,向着更宽广的道路前进。

懂得积累真的太重要了。可以说,人生所有的成功与成长,无不是积累的成果,从眼前的小事做起,珍惜身边的点滴,才能积少成多,厚积薄发,成就自己的目标和理想。

很多人之所以年纪一大把还一事无成,就是因为在该积累的时候不积累,才导致在该收获的年纪什么都没有。

3

身边也有不少人拿着五千块的工资,在房价五万元一平方米的一线大城市工作、生活着,从来不敢对大城市的房子有任何的奢望,总觉得那是她们一辈子都无法企及的愿望,于是她们总是大手大脚地花钱，刷信用卡去消费那些超出自己经济能力范围之内的东西，每个月的工资除了交房租吃饭，差不多都拿来还债了。就这样年复一年，到了结婚的年龄，连自己的嫁妆都没攒够，更别说买房置业了。

回头一看，除了年纪渐长，好像什么也没留下，青春有没有浪费不好说，但焦虑肯定是有的。

可也有一些对未来特别有想法的年轻人，懂得量入为出，明白存钱和积累人脉的重要性，虽然无法在大城市争得一席之地，但手里有钱，也可以选择去物价便宜的城市生活，也能把日子过好。

所以，一个人越早明白这个道理，就越成熟，积累的"本钱"就会越多，实现目标的可能性就越大。

其实人生就像那大树的年轮、酿造的陈年老酒，沉淀得越多，就越有味。这个世间所有的成功，无不是从有到无慢慢积累的。

古语有云：积水成渊，蛟龙生焉；积土成山，风雨兴焉；积善成德，而神明自得，圣心备焉。故不积跬步，无以至千里，不积小流，无以成江海。

如果不想将来一无是处，就要趁年轻时好好积累自己的本钱，让它成为你起航的船，带你驶向更广阔的世界。

别去靠近
看不上你的人

1

生活中,我们总能碰到一些让人心灰意冷的人和事,这些人,似乎总是若有若无地打击我们,说各种各样的风凉话,既无聊又令人倒胃口。

我一个同学就是这样的人。

她曾经这样问过我:"你现在有没有三千块钱一个月?"

我的工资当然远不止这个数,其实我也跟两个要好的闺密说过,相信她也有所耳闻,但她还那样寒碜,不过是认为我没有这个能力罢了。

女同学在澳门赌场上班,挣得确实比国内很多同龄人多,可能也是因为如此，她才看不上我。又比如，她知道我在写作，便满怀恶意地问："你写文章肯定要给钱人家才会帮你发表吧？"

拜托，我写文章是有稿费收入的好吧！

我曾一度负责非洲区域的市场销售，她知道后，便拿另外一个同样负责非洲市场的女同学来跟我比："你看看人家的工作多好，再看看你的，切！"

其实，我跟那女同学的工作内容都是一样的，只是两人所在的公司不同而已。

还有很多类似的经历，仿佛在这个女同学的眼中，无论我做什么，做得有多好，都是不值一提的，我的就是没别人的好，我赚的一百块也不如别人的一百块值钱。

基于此，我从没有主动去搭理过这个女同学。如果接近意味着倒胃口的伤害，我宁愿和她保持着一种安全的距离。事实上，对那些瞧不上自己的人，我一直都是保持着"三不"态度，即不主动、不拒绝、不靠近。她过她的，我过我的，无论贫穷富贵，都与彼此无关。也许她会在未来改变对我的看法，但那已经不重要，我已经不在意她到底怎么看我了。她看得起我，我就当多了一个朋友；她瞧不上我，我也不失落，所谓道不同不相为谋。

不要去接近瞧不上你的人，因为你只能在他们身上得到冷嘲热讽，他们会用语言去羞辱你，消耗你的能量和热情，让你备受打击之后怀疑自己的人生。

2

有一个朋友，也曾经历过我这样的遭遇。

她家境贫寒，但成绩好，初中毕业后考上了重点高中，可惜的是，上高中后她的成绩在班上并不出挑。很多人以为校园单纯，但进到所谓重点学校才知道，里面的分层有多严重。家境好的，永远都会和家境好的扎堆；成绩好的虽然未必会看不起成绩差的，但是两类人也很难走得太近；更别提那种出身寒门、成绩又不太好的学生了，走到哪儿都只有低头的分儿。朋友就是在这种情况之下，度过了最没有存在感的三年高中生活。三年里，她和班里绝大多数的同学说过的话都没有超过十句。毕业后，她一直没有跟同学怎么联系，同学们搞聚会也从来不会叫她。后来有一位同学邀请她去参加了一次同学聚会，她到了之后，压根没人理她，个个只顾着吹嘘自己的房子和高大上的工作，一个个自以为是的样子让她备受打击。当大家知道她是在网上开蛋糕店时，一个有钱的女同学竟然问她："你做的蛋糕能吃吗？我们平时都是吃大品牌西饼店做出品的蛋糕。"更有人劝她去找一份靠谱一点的工作，别丢她们班的脸。同学聚会之后，根本没有同学为她蛋糕店点过一次赞，别提多冷漠了。

朋友想，当初自己成绩不好，现在也没混好，难怪同学会看不上自己。既然如此，她也没必要热脸贴人家的冷屁股。于是，很长一段日子，她不管同学圈如何，一心搞自己的蛋糕店，慢慢地生意越来越好，后来做了自己的美食公众号，月收入比一些工作高大上的同学还要高，在她工作的小城也颇有名气了。

然而就算是这样，朋友依然和同学们保持着不咸不淡的联系，她说，决不会因为自己比以前出息了就特意回去联系旧同学，这样在某些别有用心的人的眼里，免不了有显摆的嫌疑。也正应了那句话，看得起你的人一直都会站在你的一边，看不上你的人怎么也会对你心存芥蒂，重要的是，无论别人看不看得上，都与自己无关，倒不如看淡一切，大家保持距离就好。

3

很多人都曾在低谷之时被人冷嘲热讽过，那种滋味真的很难受。有人因而呛声愤恨地说："等着瞧好了，现在你看不起，来年我就要你高攀不起。"有人甚至在取得不凡的成绩后故意在当初看不起自己的人面前有意无意地炫耀。其实真的很没有必要。我们之所以努力，并不是为了取悦别人，恰恰是因为我们自己要努力，自己要超越自己，根本不需要证明给任何人看。更何况，当初看不起你的人，要么是段位比你高许多的，要么是层次和你差不多的，前者的成功甩你几条街，除非你真的很出色，不然人家照样还是瞧不起你；至于那些和你差不多的人，则更加不愿意看到你成功，所以还是会对你冷嘲热讽、嗤之以鼻，把你的进步踩得一文不值。

如果你一厢情愿地去靠近这些人，希望能得到他们的支持和鼓励，对不起，恐怕你要失望了。

所以，我们应该去接近那些一直喜欢你、支持你、给你鼓励的人。因为只有这种人才能温暖我们苍凉苦闷的日子，给我们温暖和力量，让我们在黑夜里也能看到亮光。

去靠近一个愿意给你正能量的人，远离那些瞧不上你的人，好好地修炼自己，让支持你的人不负所望，让看不上你的人大失所望。成功之路满布荆棘，漫长且艰辛，在到达终点之前，一定要多听听祝福的话，少接触点让自己泄气的人，如此，我们才能一往无前，有继续走下去的勇气。

为人父母后，
我们才真正变得成熟

1

阿莫是我认识的女生中最有个性的一位。

她整日沉迷于小说里不能自拔，展现出了文艺女青年特有的敏感、话少、不合群、不羁和冷漠。

她根本没有办法和周围的人好好地相处，她的内心就像隔着一道墙，谁也走不进去，她也不希望别人窥到丝毫。

她不喜欢小动物，不喜欢做家务，更加不喜欢生小孩，她只喜欢自由自在。与父母的关系也不好，她觉得自己冷血，没有同情心，没有母性的温柔，完全不懂如何去做一个妈妈和一个媳妇，因此很长一段时间里，她很悲观地认为自己不适合结婚，甚至对谈恋爱也是讳莫如深。

后来，阿莫偶遇一位男子，两人一见钟情，一段日子之后就愉快地踏入了甜蜜的婚恋里。

其实，初时阿莫还是很担心的，担心自己处理不好婚姻里的各种复杂的关系，担心自己不会照顾孩子……可是随着时间的推进，这些问题好像也没有她想象中的那么严重，阿莫发现婆婆虽然不怎么喜欢她，但是也没有特别地挑剔她，加上她们没有在一块住，因此也没有发生过什么冲突。不久之后，阿莫就有了孩子，第一次为人父母，她和老公都有点慌乱，不知道抱孩子的姿势正不正确，不知道孩子饱不饱，不知道孩子饿不饿，不知道该给孩子吃什么，担心自己对孩子不够好，总之就是手忙脚乱的。

婆婆侍候她坐完月子就回去了，阿莫的老公要上班，她一个人在家带小孩，看着那一团温软的肉团，她的心都要融化了，恨不得化作一团云，去拥抱和温暖这个可爱的小人儿。她上网查小孩什么时候要吃什么，有时候也打电话给婆婆，向她请教。孩子一天天长大，她也一天天变得温润起来，文艺小说换成了母婴图书，化妆品也少用了，因为孩子会亲她的脸。她一天天在变，却不自知，直到有一天，她推着儿子在小区散步，逗儿子说话时，一个素不相识的邻居对她说："你真的好温柔，一定是一个好妈妈。"

那一刻,她突然潸然泪下。原来,自己真的可以做一个合格的儿媳、很不错的妻子和好妈妈。

2

很多人在结婚前,都会像阿莫那样,对自己未来的婚姻之路没有信心。

特别是男人,没做爸爸之前,都会担心自己做不好,对于结婚总是患得患失,不知道要不要走进婚姻的殿堂,因为对于他们而言,结婚和做爸爸几乎是对等的。

我发小得知老婆怀孕的时候,居然忧郁了起来,他跟我说,他很担心自己做不好爸爸。孩子没出生之前,对着老婆隆起的大肚子,他完全找不到当爸爸的感觉,甚至感到很害怕,很彷徨,不知道如何是好。

孩子出生后,他抱着那团动来动去的小人儿,手臂都僵硬了。他被迫半夜醒来跟老婆一起奶孩子;在老婆没空的时候,笨手笨脚地换纸尿片;唱一些不着调的歌、发出各种奇怪的声音,只为博怀中宝贝一笑。孩子第一次生病的无助、第一次打预防针的紧张、出第一颗牙的惊喜,第一次从高处摔下来的心疼……这一路的心路历程,既是盲目的,也是幸福的。

三个月之后，发小已经深深地爱上了孩子，比自己的老婆更紧张。他也由原来的恐婚男，变成一个熟悉哪种纸尿裤好用、哪种奶粉好喝、哪个牌子的婴儿服装穿起来比较舒服、对孩子的生长发育情况了如指掌的奶爸。他和妻子逛街，都是他看孩子，老婆去买买买，出差在外必定每天都要和孩子视频一番才能安心。

发小感叹道，男人不做爸爸就不知道自己有多强大、多胆怯、多有责任感，他会渴望保护自己的小孩，尽最大的能力给小孩最好的供养，但同时也会无比担心小孩会受伤、被人欺负。没做爸爸之前，他从不知道自己原来可以这么有耐性，他从前努力读书，现在是努力学习如何做一个好爸爸，这真是一种无与伦比的体验。

3

事实上，父性和母性的光辉，足以照亮人性所有的黑暗和唤醒人类心中所有的爱。很多影视剧中，衡量一个人还有没有人性，就是看剧中人如何对待自己的子女，一个坏事做尽的人，只要能表现出为人父母的爱，那这个人就还算不上丧尽天良。

一个人在婚前的身份有很多个，可以是学生、儿女、公司职员、朋友，这些身份，无论多么不称职，一旦为人父母，人们对ta就有了新的评判标准："好父母"和"不称职的父母"。

因为在国人的认知里，夫妻可以离散，但骨肉永远相连，一个人可以不爱自己的配偶，但少有不爱自己孩子的，一个连自己亲生骨肉都不爱的人，简直不配为人。

一个小混混，做了父亲后，他可以洗尽江湖气，成为一个好爸爸；一个不良少女，也可以洗尽铅华，成为一个好母亲；一个诸多缺点的人，也可以努力克制和学习，让自己成为一个具有很多优点的父母。一旦成为好的父母，人们就可以跟过去的不堪告别，重新做人。

很多人都渴望婚姻，却害怕成为父母，究其原因，可能是因为婚姻更多的是享受，而父母则代表着付出、责任和牺牲吧。如果说婚姻是一种体验，那为人父母更多是一种经验，没有做过父母，就不知道自己到底是一个怎样的人。

但无论如何，到最后，你都会发现，当功名利禄享遍、当世态炎凉看遍、当各种风景都看遍，你最出名的作品和风景，除了你自己，就是你的孩子。

孩子是怎样的人，你就是怎样的父母。孩子，我也是第一次做你的父母，如果做得不好，请多多包涵。

辑五

愿你既有离开的勇气,也有稳定的能力

做一个
不怕变老的女人

1

5月27日,好莱坞著名影星米兰达·可儿与身家15亿美金的Snapchat联合创始人Eva spegel结婚了。他们的婚礼在世界范围内引起了轰动。Eva spegel今年25岁,是目前全球最年轻的亿万富翁;而米兰达·可儿则是一个32岁、离过一次婚,带着一个5岁的儿子的单亲妈妈。

这样的婚配,在很多国人眼里,是不对等的。首先,国人不大喜欢姐弟恋,其次,国人歧视离异带子的女子,认为她们已经严重贬值,不配再次获得完美的爱情。

这样的婚姻确实不多见,但恰恰说明了米兰达·可儿也同样是一个十分优秀的女人,才打动这位钻石小鲜肉的心,之后步入婚姻的礼堂。

米兰达·可儿出生于澳大利亚,13岁从《Dolly》杂志封面女郎的全国模特甄选竞赛中荣获冠军,然后步入模特生涯。2007年,代言维多利亚的秘密,与之签约成为"天使超模"。2010年6月,与奥兰多·布鲁姆正式订婚。次年生下了儿子,但很可惜,她和奥兰多的婚姻持续到2013年便结束了。

离婚后,米兰达·可儿开始了一边带娃一边工作的生活。事实上,她结婚后也没有放弃过工作,甚至在怀孕的时候还大着肚子走秀。产后,她的事业更是达到了最高峰,代言了多个国际知名品牌和参加了多个大牌的服装走秀。两年后,她和前夫的婚姻走向了尽头,没有哭哭啼啼和拖泥带水,两人都干脆利索地去离了婚。

她自然是有底气的,她貌美、多金、事业有成,离婚对她而言,根本不会有任何的不良影响。果然,离婚之后,她的工作多到接不完,出现在众人面前的她,总是那样意气风发和美艳动人。

两年后,米兰达·可儿与Eva spegel在脸书上公布了恋情。尽管米兰达·可儿已经足够优秀,但人们还是不看好这段有点差距的"姐弟恋"。很多人都预测,他们不过也就玩玩而已。

但是,让很多人大跌眼镜的是,这对相差七岁的"姐弟",居然真的走进了婚姻的殿堂。

在旁人眼里，米兰达·可儿是一个离过婚的、比男方大七岁的、还带着一个拖油瓶的有钱女人；可是在 Eva spegel 的眼里，米兰达·可儿是一个单身的、比自己略大的、事业有成优秀得"让人发指"的女人。

她散发出来的万丈光芒，已经让他们之间七年的距离缩短到足以忽略的地步。看看钟丽缇、伊能静和其他一些男小女大的婚姻，拉近她们与小男生距离的，无不是她们身上表现出来的优秀和才华。正因如此，她们才能深深地把那些同样优秀的小男生吸引住。

2

岁月对女人似乎特别不公平。

人们都说，女人过了 30 岁就开始走下坡路，会老得特别明显，比同年纪的男人老得也特别快，所以很多女人对年纪都特别敏感，害怕自己 30 岁还嫁不出去，因为男人也不喜欢娶年纪太大的女人。中国的女性也很害怕离婚，因为社会对离婚的女人存有太多的恶意。社会现实如此，只能让人感慨。

但是有一种女性，年龄和婚史决不会对她们造成任何的影响，这种女性，她们独立自主、事业有成、才貌双全，她们在人生的道路上从未放弃过奋斗。也许她们会因为不够柔顺而失去了一些东西，但是相对于努力给予的馈赠，她们好像获得了更多。

关于这种女人，在这里，我不想说著名的婚纱大王、VERA WANG（王微微）在63岁高龄时和27岁的花滑世界冠军雷萨切克的甜蜜恋情，我也不想说在整个华人社交圈都耳熟能详的邓文迪，更不想说已经年过四十但深受女人和男人喜欢的才女徐静蕾，我只想说说我身边的认识的一个朋友。

朋友有过一次婚史，她离婚的时候已经32岁了，除了一张本科学历和老公补偿给她的五万块，再无他物。

离婚的最初，她很彷徨，不知何去何从，有一段时间不知道如何自处。她没有稳定的工作，也没有过人的姿色，更没有显赫的家庭背景，她不过是别人眼中连婚姻也守不住的Loser，她甚至不知道自己该干吗。

因为比较注重保养，她经常去美容做护理，看到了很多跟她一样热衷于美容保养的女人，也看到了商机。于是她便从美容学徒做起，慢慢地做到了店长，后来又成了经理，再后来跟几个朋友，每人出资十万，开了一间美容店。她的个性开朗温柔，善于聆听，客户很喜欢向她倾诉。慢慢地，她的生意越来越好，之后她又四处筹钱，开了第二家分店，接着是第三家、第四家，她的生意越来越兴旺，日子也越来越好，自己买了房子车子，加上保养得当的仪容，她越来越迷人，追她的男人也越来越多。

其中有一个进货商，比她小五岁，对她甚是着迷，对她展开了疯狂的追求。刚开始时，朋友很不自信，觉得自己不但离过一次婚，还比他大五岁，两人根本没有结婚的可能。

可是有一次，男的把她拽到镜子面前，说："你看看你自己，哪里老了？哪里丑了？你不但比很多同龄人年轻，也比她们优秀、能吃苦，在我眼里，五岁的年纪差距根本算不了什么。"

朋友终于被他的诚意打动，两人结了婚，婚后夫唱妇随，日子很美好。

有人说，她老公也不过是看中了她的钱而已。不可否认，的确有这样的因素存在，可是她的钱是她凭着自己的能力赚来的，她值得因此而骄傲。

也别说她身上那些果断、勇敢、踏实、肯吃苦的特质了，一个人会赚钱，能经营好自己的事业和生活，就已经是一个非常了不起的优点。

这种优点，难道不值得旁人去喜欢吗？

3

为什么那么多的女人特别害怕变老？

是因为她们不但会老，还会一无是处地变老；

为什么有那么多女人不敢离婚？

是因为她们不但经济不独立，还什么特长都没有。

善良、温柔、持家有道、性格好这些优点或许可以让女人得到一个男人的爱，可是，当女人开始年纪渐长时，当她遭遇人生变故时，这些优点是不足以让她抵挡世间苦闷的，她还必须坚强、独立和有那么一项优于常人许多的特长。

这种特长，可以让一个女人活得更有尊严、更有自信、更出挑，它就是这个女人的事业和兴趣爱好。

而这两样就是女人成为优秀女人的先决条件，一个女人，无论再如何内秀，若没有经济能力或者拿得出手的兴趣爱好作为后盾，她都是软弱的，是经不住大风大浪的，吸引力也会大打折扣。她在择偶这方面，还是没有太多的选择权。

要做一个越老越美好的女人，做一个独立、自信、有钱、会打扮会保养的女人，这样，人们才会把目光投射到这个女人的优点上从而忽略了她的年龄。

如果有一样东西可以让女人摆脱时间和性别的束缚，那就是她努力让自己变优秀而散发出来的光芒。

从现在起，努力修炼，让自己成为一个不惧怕时间的女人吧。努力变优秀才是女人打败年龄的法宝。

愿你既有离开的勇气，
也有稳定的能力

1

去年年底，朋友燕子告诉我，她又换工作了，新公司规模大，平台好，薪水也比以前高。

我恭喜她，她却有点闷闷不乐："先别那么快恭喜我，等我稳定下来再说吧。"

说得也是，燕子毕业以后的八年来，平均每两年就换一份工作，每次不是炒人就是被炒，职场就从没有很顺利的时候。前两年她好不容易进了一个大公司，业绩也很稳定，却因为大病一场而不得不停工休养半年，等她回去的时候，已经物是人非，从前那个赏识她的上司因为公司内部的斗争被调回了总部，新上司对她始终抱着不信任的态度，朋友因此再也未能创造之前的辉煌，业绩一落千丈，后来，她自己觉得没意思，便另谋出路了。

想以前，燕子是何等意气风发，因为换工作对她来说，真的是太容易了。燕子性格开朗活泼，能说会道，一张巧嘴三言两语就能把一个陌生人变成朋友。面试对她而言，也是小菜一碟，她总是很轻松就能搞定面试官。但是从入职那天起，她就开始发牢骚，抱怨新公司这里不好，那里有问题，上司不是太无能就是太挑剔，同事不是太麻烦就是太冷漠……总是事事不如意，然后短不过半年，长不过两年，她就不得不离职了。

刚开始时，燕子不以为然，觉得自己还年轻，还有很多时间可以挥霍，但是眼看快 30 岁了，她还是老样子，换工作似乎已经成了一种习惯。

别人问她为什么老是换工作时，燕子不以为意地说："年轻时，什么都要试试。"

疯狂的燕子就这样来到人生的 30 岁。

她还是租房住，还是单身，大部分时间是一个人独处，偶尔休息一两个月，来一场说走就走的旅行，继续在朋友圈里晒着她的自由和散漫，浮华与寂寞。既对过去没有任何回想，也对未来没有什么计划，仿佛对她来说，今朝有酒今朝醉便是人生最惬意的风景了。

2

后来回家过年的时候，我又见到了另外一位朋友苹，知道她过的又是另外一种生活，那就是稳定。

苹是真的稳定，一毕业就去了某个很大型的企业，成了一名月薪只有三千的外贸跟单。燕子换第二份工作，薪水由三千升到五千的时候，她工资才加了五百块。后来她更是好几年都没了音讯，直到她结婚我们才知道，她还在那家公司，只不过是由跟单升到了业务，工资时高时低，日子过得不好也不坏，比起燕子的得意来，真是差远了。她结婚的时候，燕子正在迪拜出差，刷朋友圈的时候，正好看到她与帆船酒店的自拍，惹得众人好一阵羡慕。苹结婚之后很快就生了一个儿子，之后又相继买了房子和车子，虽然都是按揭，但是生活很安定。苹两年前已经被升为公司的部门经理，薪水加上分红，年收入稳定在二十万左右，加上她老公也差不多十万块的年薪，两人不久之前又买了第二套房子，还计划晚点带着儿子一家三口来一趟欧洲十日游，生活真是芝麻开花节节高。

像苹这样的人，很大程度代表了中产阶层的奋斗历程。他们没背景但有学历，没有太大的野心但很踏实，不会太有钱，也不会太穷，一切都按部就班，没有苟且，看起来也没有什么诗意，却能安居乐业，经过一段时间的积累后，就成为无数人羡慕的对象。

3

后来燕子说，她累了，想稳定下来，找个人嫁了，就算粗茶淡饭，砍柴做饭，也是一种幸福。

她说很多人总是羡慕她有说走就走的勇气和想换工作就换工作的能力，羡慕她经常出国，一身名牌，穿高跟鞋，喝着香槟，每天奋力拼搏的样子很女神，很励志，却不知道她经常出差因为倒时差睡不着觉失眠到天亮的痛苦，也体会不了她为了让客户满意而加班做方案半夜起来报价的辛劳，更加体会不到她因为工作不稳定而至今没房没车的彷徨，还有眼看青春已逝去感情依然没有着落的空虚。这一切，她都只能深深地藏在心底，用一种貌似无所谓的心态展示着自己的大无畏。

很多人都讨厌稳定，渴望去远方闯荡一番，于是他们总是很轻易就离开，以为前方有远大前程等着自己。可是有些人，很多时候却只是空有勇气而缺乏智慧，所以他的闯荡往往就会变成别人眼中的流浪。

可不是吗？年过三十了，还是没房没车，甚至连存款也没几个，做点小生意还要问人借。有时候，没有投资的头脑和门路，就一门心思地做好眼前的工作，就算发不了大财，但日子也难过不到哪里去。

有人会不以为然，稳定地穷着，也没什么了不起的，可是，也别忘了，不是每个人都有说走就走的勇气，也不是每个人，离开了一个地方，就能在另外一个地方稳定下来，也许会一直动荡，就像我朋友燕子那样，不停地从这个行业跳到另外一个行业，没有积累，更谈不上什么高度，甚至还会随着年纪的增长而在就业市场上失去了优势。

4

能够稳定地在一个行业发展持续下去真的很重要。

马云曾经说过，人进入一个新的行业的时候，前面三年，都不要求什么发展，而是要老老实实地把基础打好，到了第五年，就可以开始谋划发展了。这并不是什么硬性规定，而是经过无数人实践而总结出来的一个规律。也就是说，一个人，想要在一个行业站稳脚跟并且有所发展，至少要经过三到五年时间的打磨。这也符合一个企业的升职规律，没有三五年，是培养不出一个成熟有担当的管理者的。

一个经常换工作的员工，也许是富有创造性的，但也是浮躁的，也缺少了那么一点责任感，不擅长解决问题和冲突，容易有一种"一遇到问题就想逃避"的冲动。工作不稳定的后果是灾难性的，它能让人生活动荡从而导致感情不稳定。俗话说，经济决定上层建筑，没有稳定的经济来源，别说上层生活了，就连基本的生活保障也达不到。

拥有随时离开的勇气没什么大不了，稳定地穷着也没有多可耻，能够稳定地生活着，就能有更多的时间和机会体会到生活的诗意。

所以，愿你既有离开的勇气，也有稳定下来的能力。

真羡慕你们结婚十年
还能秀恩爱

1

　　去泡温泉,遇到一对中年夫妇,两人都爽朗,眉目和善,看着特别善良。我和他们似乎也特别有缘分,一连换了好几处温泉池都能碰上。他们一前一后地走着,男前女后,牵着手,进入池中的时候,也是挨着坐,人少的时候,还相互捏一下对方的肩膀。他们的谈话也是有一搭没一搭的,但听着觉得特别融洽,默契得就好像相识了十几年的知心老友,对彼此的语言和动作心领神会,一点就通。

　　后来和他们攀谈起来,得知,今天是他们结婚十周年纪念日,两人特意抛开孩子和工作,来这里放松一下,就当是庆祝了。

讲真,我真的很羡慕这对夫妇。结婚十年还有如此雅兴,感情那么好!一对夫妻,也许会在人多的场合秀恩爱,但在没有人的时候却恨不得大打一场。像今晚这种灯火朦胧人也不多的场合,感情疏离的夫妻,别说秀恩爱了,很多时候都处于一种相对奇怪的状态,对方说一句恨不得反驳十句,又或者对方说十句也不回应一个字。

我见过太多这样的夫妻了,结婚三年失去新鲜感,七年进入怠倦期,十年感情早已演变为左右手,每天都看着,内心早已波澜不兴,又或者早已经视对方为一本存放十年的书,不想看也不想扔,就这样放着,任彼此的感情积满灰尘。

他们也许会争吵不休,也许会冷眼相对,即使再如何看不惯对方,生活中的某些羁绊,也会把他们紧紧地牵扯在一起,走也走不掉,过也过不好,生生地把婚姻过成了让人绝望的泥潭。

还有一种更糟糕的,那就是离婚,相爱的人,彻底变成了陌生人。

还好,生活总是处处有亮光和美好让我们心存希望,就是那些结婚很多年还有很多话聊,还会牵手而行,还会调情的夫妻。

有恩爱可以秀多好啊,美好的婚姻如此让人向往,那才是人类得以欣欣向荣的关键所在。

2

其实，真的特别喜欢别人在朋友圈上秀恩爱。

也许秀恩爱，并非就真的很恩爱，但是有恩爱可以秀，总比生活平淡如死水波澜不兴更胜一筹吧。偶尔得了一份礼物，吃了一次大餐，来了一场旅游，然后晒出来，是一件多美好的事啊！也许他们的真实生活并没有那么美，但无论是心虚的弥补还是刻意的补偿，至少说明他们还在意对方，愿意和对方好好过下去。有时候，这种刻意反而变成了一种仪式、一种黏合剂，可免婚姻死亡得太快。

婚姻真的是很多人的爱情坟墓，生活琐碎、油盐酱醋将激情消磨得一干二净，很多人甚至连性生活都懒得过了。

这种情况，如果还能看到那种人到中年，还愿意送礼物讨对方欢心的行为，该是多么惊喜。

好友诗麦儿就是那种很喜欢发朋友圈的人。她结婚十二年，非常热衷在朋友圈上秀她美好的生活。她有一间大屋，阳台种满了各式的鲜花，屋内摆了很多她从各处搜罗来的精致小玩意。她还很喜欢秀恩爱，总是时不时就秀出老公送的礼物，有时是一束怒放的玫瑰，有时是一台她心仪的留声机，有时是最新款的手机，但很多时候是夫妻两人的聊天记录，有老公在外地出差时担心家中妻儿的亲切叮咛；有她不高兴时老公对她的殷勤开解，虽然只有寥寥数语，但情真意切，叫人心生向往。

他们当然也有一见不相容的时候，但我更愿意相信，他们的感情就像他们朋友圈展示的那样美好。其实感情是一道加减题，美好的一面是正数，不好的一面是负数，一正一负，一加一减，正数越多，得出的结果就越大，感情就越好。然而婚姻也绝不只是一道纯粹加法或者减法的题，它总是有加有减，正如感情总是有高潮也有低落，然而如果正数总是大于负数，那这份婚姻就是美好的。

而那些秀的恩爱，就是婚姻里的正数，可以秀的恩爱越多，婚姻的正面就越多。

结婚那么久还能秀恩爱，真叫人羡慕啊！

3

同样是走进婚姻七年、十年，或者是时间更长的夫妻，为什么有的人相看两相厌，但有的人却可以花式秀恩爱羡煞旁人呢？

还是那句话，得好好地经营和修补。

婚姻就是一件珍贵的衣服，天天穿着，是会旧和烂的，有区别的只是多久才会旧和烂，是没有办法做到一辈子都激情如新婚的，但是如果我们在婚姻里小心一点，那这件珍贵的衣裳就可以旧得更慢一点，甚至可以穿一辈子，美一辈子，历久弥新。

如何保养？有一点很重要，就是一定不能冷战，一定要让双方有话说。

冷战和没话说是一种很可怕的行为，一旦成了习惯，就很难改正了。所以一定要在源头的时候就对它进行遏制。

让两人无话可说的原因无非就这两种：

夫妻都不爱对方了；

夫妻成长的步伐不一致，一方跟不上另一方，一方嫌弃另一方。

有话说真是太重要了，夫妻之间无论遇到多大的困难，如果还有话说，心结就能打开，矛盾就不会过度堆积，婚姻就能顺遂。良好的沟通，可以直达彼此的内心，让你们的感情之舟不至于触礁。

那些结婚多年后还有恩爱可以秀的夫妻，在生活中也是有很多话题可以聊的，家长里短也好，阳春白雪的议题也罢，无论什么样的话题，只要有得聊，那就好，什么事都可以商量。

所以，当伴侣跟你聊天的时候，千万不要嫌弃对方的话题无聊没有营养,如果你感觉跟对方聊不进去,不妨去了解一下对方喜欢聊什么话题,然后偷偷地恶补,引起对方的兴趣。

这是一种迁就,也是一种策略,因为如果你还想和对方好好过下去,就要有所牺牲。

婚姻中的矛盾就像堤坝的小缺口,小的时候不修补,缺口就会越来越大,到最后就会变得不堪一击。

所以,如果你也想在结婚十年后,夫妻之间还能秀恩爱,还能手牵手漫步街头,还能在冷酷的岁月里温情相依,携手共享夕阳红,那就要好好地保养自己的婚姻。

眼见你们结婚十年还能秀恩爱,真好啊!

有缘人，
都很容易成为眷属

1

1977年，王小波和李银河第一次见面。

那时李银河刚毕业，在《光明日报》做编辑，年纪轻轻就在《人民日报》发表了文章，可谓前途无量。

王小波对她心生敬仰，便跑到报社去找她，两人聊了没多久，王小波就问李银河："你有朋友没有？"当时还是单身的李银河如实告知："没有。"接着王小波又说："你看我怎样？要不我们处朋友吧？"

简单直白，开门见山，胆子之大，跟现在的年轻人比起来，简直有过之而无不及。

但快并不代表他们不谨慎，因为早在见面之前，两人就已经听说过对方的才华，早已经在彼此的心里生出一份隐约的好感，埋下了爱的种子了。王小波的小说《绿毛水怪》在朋友之间疯传，后来落到了李银河的手里，那是一本很大的手抄本，字迹工整有力度，散发着一股硬汉的味道。在李银河看来，王小波的文笔虽然还有点稚嫩，但整篇小说都跳跃着一股无法抵挡的才华。她读完王小波的小说之后，忍不住激动地想，这个人，早晚会和我发生点什么。

结果，他们就真的发生了点什么。俩人很快开始交往，互相写情书给对方。有一次，王小波还把信写在了五线谱上面，他跟李银河说："做梦也想不到我会把信写在五线谱上吧。五线谱是偶然来的，你也是偶然来的，不过我给你的心值得写在五线谱里呢。但愿我和你，是一支唱不完的歌。"

李银河一下就被击中了，她把王小波称为"浪漫的骑士"，并深深地爱上了这个骑士。

三年之后，他们就结婚了。

结婚那年王小波 28 岁，还在读大二。因为有规定学生不能结婚，所以他们的婚礼只能偷偷地进行，没有拍结婚照，两家人各请了一桌就当是结婚仪式了。

在李银河看来，婚礼的仪式一点也不重要，因为她和王小波的婚姻就是两个有趣的灵魂的结合，是命中注定的缘分，是很快就能相遇并走在一起的。

2

有人说，一见钟情只存在于俊男和美女之间，可事实证明，不美的男女，不但会发生一见钟情，还会一见定终身。

王小波与李银河如是，钱钟书与杨绛一样。

说起钱钟书和杨绛，他们的爱情同样也是一个传奇。

1932年早春三月，杨绛在清华大学古月堂的门口遇到了钱钟书。这位鼎鼎大名的清华才子，穿着青布大褂，脚踏毛布底鞋，戴着一副老式眼镜，双眼炯炯有神，浑身散发着一股儒雅的气质，让杨绛一见倾心。两人一见如故，话多到忍也忍不住。钱钟书对眼前这位娇小文静、大家闺秀般的妹妹也喜欢不已，他急急地对她说："外界传说我已经订婚，这不是事实，请你不要相信。"杨绛也说："外面传闻追求我的男孩有孔门弟子'七十二人'之多，也有人说费孝通是我的男朋友，这些都不是真的。"

两个刚见面的男女，一见钟情，抛开了矜持，急切地向对方交代着彼此。很快，他们就堕入了情网，谈起了恋爱。除了散步，两人就是给对方写情书，甜言蜜语，撩拨着彼此的心弦。

三年后，他们结婚了。这对爱好文学、灵魂相似的男女携手走过 63 年，直到 1998 年钱钟书病逝。

钱钟书和杨绛的婚姻是完美的。他们支持、理解和爱护对方，彼此惺惺相惜。纷争肯定也是有的，然而瑕不掩瑜，他们的婚姻在世人眼里依然是传说一般的存在。

钱钟书写信给杨绛说："没遇到你之前，我没想过结婚，遇见你，结婚这事我没想过和别人。"

是的，有的人只见了对方一面，就已经明了对方在自己心里的位置，是朋友还是爱人，分得一清二楚。

3

很多人都觉得，一对男女，从恋爱开始，一定要经历过无数次的争吵甚至是分手、历经很多磨难之后，才能步入婚姻的殿堂。其实，真正有缘分的人，根本就不用等，在很短的时间之内，两人之间那种微妙的感觉很快就会发酵膨胀，直接把看对眼的两人紧紧包裹住。正如《圣经》里有一句话所说的那样："有时候，人和人的缘分，一面就足够了。因为，他就是你前世的爱人。"

有很多人，干脆用结婚的速度来证明一段爱情的正确性。

40岁的好莱坞著名影星尼古拉斯·凯奇有一次去餐厅吃饭，遇到了20岁的餐厅女侍应爱丽丝，顿时惊为天人，立刻对她展开了热烈的追求，一个月后，他们就宣布结婚了。

英国足球明星贝克汉姆在25岁的时候，遇到辣妹维多利亚，一见倾心，从此成了她的裙下臣，6个月后求婚成功，世界便多了一对天造地设般的夫妻。

台湾知名影星大S，在安以轩的生日晚会上遇到了汪小菲，两人一见钟情，很快就陷入了热恋，一个月就闪电结婚。现在，他们已经育有一儿一女，生活丰盈而美满。

生活中也有很多人，只是见了一次或者几次，便定了终身。

一见钟情，固然有单纯对彼此相貌和外在条件动心的肤浅之处，但是我想更多的还是两人在精神层面上的契合吧。一个饱读诗书的人，必然会对另一个和自己想法相近的异性心生好感；一个外貌控看到一个长相俊俏的异性，自然就会心生爱慕。一个注重内涵的人自然不会喜欢一个长得漂亮但肤浅的人，一个注重外表的人也不会爱上一个富有内涵但外表不美的人。但凡这些，都可以称之为"有缘无分"，能结婚的，才是真的有缘人。

4

有些人的爱情很坎坷,历尽艰辛也走不进婚姻里;有的人对另外一半很有要求,千挑万选都无法下定决心,于是把自己定义为"不婚主义者"。

可是,终于有一天,这些人,在某时某刻某地,遇到了某个人,他们一见如故,以天雷勾地火般的架势上演着一场场激荡的爱情大戏,恨不得深深地把自己锁进对方的心房,然后白头偕老。

所谓"与君初相识,犹如故人归"就是这个道理。

真正有缘分的人,根本不用多费什么劲,就会"金风玉露一相逢",然后"胜却人间无数"。

因为,真正有缘分的人,都很容易成为眷属。

你的善良，
自有力量

1

以前有个同事 A，是部门总监，他在职的时候，对下属非常严格，常常对下属的错直言不讳，可能有些人不太习惯，经常在私底下吐槽他的为人。

后来，这位总监因为犯了错，被降职处分，一下子由重要部门的总监变成了后勤主管，待遇落差不小。这位总监咽不下这口气，就辞工了。

他前脚刚走，后脚就有人开始说三道四了，说他根本没能力，是靠拍马屁上位云云，说得还蛮难听的，简直就是痛打落水狗的架势。碰到同行说起他时，更是口沫横飞，一副要把他踩在脚底才高兴的模样。

然而只是过了一年，圈子里又有了 A 的消息，原来他跳槽去了另外一家规模更大的同行公司，职位还是部门总监，负责他们整个部门的销售。他们订单多的时候，会外发一部分出去给其他供应商加工。后来 A 就找到了我们公司，下了很多订单。他以前虽然跟老板有过不愉快，但生意人从来没有永远的敌人，只有永恒的利益，在互惠互利的情况下，他又成了老板面前的红人和贵客。

之前那些说他闲话的人，也都噤声了。大概连他们自己也意想不到会这样吧。

繁华盛世，拜高踩低，真是太常见了。但人生那么漫长，时运总有高低，一生顺利的人基本没有。他人今天的落魄，明天就有可能降临到我们身上，而且今朝落魄，不代表会一直落魄下去，所以真没有必要在人家落魄的时候说风凉话，因为你永远不知道，他什么时候会再站起来。

2

关于风凉话，我真的听过太多了。

有一阵子，我的公众号阅读量特别低，无论我发什么文章，读者仿佛都睡着了一样。焦虑在所难免，但更难过的是，各种风言风语接踵而来。

有人说我文章辨识度低，不适合写公众号；

有人说我喜欢抱怨，心态不好；

有人说我文章写得不行，各种各样难听的话都说出来了，简直恨不得让我把公众号关掉他们才能高兴。

过了一阵子，我公众号的阅读量又上来了。之前那些说风凉的人统统不见了，好像集体消失了一样。

我发现无论干什么事，你要是成功了，别人就会围着你、夸耀你，可要是你不小心从高处摔下来了，那不得了，之前的恭维一下子就变成了明枪暗箭，嗖嗖嗖地射向你，让你雪上加霜，心寒胆战。

我天生就是招黑的体质，从小就没少被别人说闲话，就拿我写作这件事来说，就有很多人在背后说三道四。

他们知道我不是科班出身，就经常有意无意地拿我和那些学中文的朋友相比，酸溜溜地说：人家学中文的都没写，你这个半路出家倒写得挺欢的。

其实我也知道自己是半路出家，欠缺写作的才华，但是我愿意用热情和勤奋去弥补才华的不足，相比那些虽然是科班出身，但把笔搁置高台的人，我收获多点也是正常。

其实我特别明白那些口角泛酸水的人，他们表面是对我不满，内心其实对自己充满了疑惑和否定，后悔为何自己不开始做，然而当他们想开始时，却又因为手感欠佳而无能为力，沮丧不已。

其实，才华就像那把闪着寒光的宝刀，要经常磨砺才能削铁如泥，太长时间不使用，难免会生锈、变钝。

喜欢在落魄时奚落你的人，有时候还不如你呢！

3

在 20 世纪 80 年代初的时候，导演吴宇森从嘉禾跳槽到新艺城，之后事业沉入谷底，很长时间没有电影可以拍，后来甚至被公司外放到台湾整整三年。那三年里他过得非常狼狈，从前那些围着他转、对他赞赏有加的人也懒得搭理他，整个市场都不看好他，认为他的电影和理念已经过时，甚至有人叫嚣着让他退休。

但是幸运的是，还有一位导演一直信任他，那就是徐克。徐克邀请他加入了自己的工作室，一起拍摄了《英雄本色》。

最后，这部由一个不得意的导演（吴宇森）、一位过气明星（狄龙）、一个票房毒药（周润发）、一个刚走红的偶像歌手（张国荣）合力打造的影片上映后，击败了很多全明星阵容的大制作巨片，票房狂收 3400 万港元，创当时香港开埠以来最高纪录，风头之劲，一时无二。香港电影由此还出现"英雄片"热潮，对港产片产生了深远的影响。

而从此之后的吴宇森也一路顺遂，获奖无数，在很长一段时间内成了华人导演的风向标。

他后来把之前三年的感受写进了这部电影里，变成演员的对白，触动人心。

他说："我从小到大受到的教育，就是做人一定要有骨气，不能向恶势力低头，也不要那么容易承认失败，我失去了三年，失去了尊严，我就要通过拍出好作品这样的方式拿回来。"

是的，当初别人怎么奚落自己，以后我们就要怎么赢回来。别人说他过气，甚至让他退休，他就让自己的作品再次火爆荧屏，一直红下去。

所以啊，那些在他落魄时看不起他的人，算是被啪啪啪地打脸了吧。

4

所谓日久见人心,患难见真情,看一个人够不够善良,就要看他如何对待落魄的朋友。是讥讽嘲笑、落井下石,还是善意安慰,伸出援助之手,又或者只是静静地看着?其实,即便是不说话、不表态,千万别说风凉话,因为再倒霉的人也会有站起来的那一天。到那时,你们便不再是朋友。

不努力的人生
更不值得一提

1

　　肚子饿,不想出远门,也不想做饭,便打算到小区外面的小餐馆将就一顿了事。

　　小餐馆装修简陋,只卖快餐,价格也公道,平日生意很不错。餐厅老板有一个读小学四年级的儿子,学习勤快,下课后总是趴在收银台那边的桌子做作业。

　　有个客人称赞小孩说:"哟,真勤奋,以后一定很有出息。"

　　小孩没吭声,接着做作业,大概是对这种赞美已经习惯了吧。

　　这时,餐馆里进来一个中年男子,穿着暗红色 T 恤,大腹便便,夹一只手提包,右手无名指上戴一枚金戒指,金光闪闪,引人注目。

——估计有点小钱。

男子点了餐后就坐在那里转着眼珠四处看了起来,看到正在做作业的店主小孩,也夸起他来:"哟,小孩还挺勤奋的嘛,不过现在勤奋没用啊,现在是富二代的世界,穷人的小孩就算读了大学出来也改变不了命运,还不如叫你爹多赚钱,以后你就是富二代了。"

男子说完,店里有几位食客马上附和起来:"对呀,现在都是有权人和有钱人的世界,穷人家的孩子,读再多的书也没用。"

接着大家又说起那些纨绔子弟来,个个恨得咬牙切齿,都说穷人越来越没有出路了。

有一个30多岁的女子更是说:"我儿子正在读高三,成绩不好,考上大学就继续读,考不上就去我服装档口帮忙,过两年再给他弄个档口,赚得比那些大学生多了去了。"

餐厅里有一点嘈杂,也有点闷热,小孩默默地写着作业,仿佛自动屏蔽了外界的一切杂音。他的父母在厨房忙个不停,也无暇顾及别人说什么。一会儿父亲走到孩子那边,探头看了一眼他的作业本,问道:"做完了吗?做完了就预习明天的课程,老师说你最近有进步,你可不能偷懒了。"

我也默默地吃着饭，心里暗暗地对小孩说："少年，好样的，别听别人乱说，虽然努力不值一提，但是不努力，你以后的人生就真的不值钱了。"

2

最近很多人都比较热衷于讨论所谓的"阶层固化"，各大公众号都在鼓吹"出身决定个人命运""原生家庭对个人的影响如何深远"。很多人都说，普通人就算考上了大学也没什么用，特别是出身寒门的学子，就算考上清华北大也未必能在一线城市买房子，还是改变不了自身的阶层。

其实，这些人说的话没有错，社会的确是分层的，而且这种分层随着财富的集中化越来越严重，上层永远是固定的，中层有机会向上层流动，唯独底层，因为出身不好、家里没钱，所以小孩也去不到什么好学校，赚不到什么大钱，毕业后能找到一份待遇不错的工作已经算是祖上庇佑了。

甚至有人说："别让你的勤奋误了你的一生。做事光勤奋是没有用的，必须带脑子。"换而言之，就是一定要聪明。

如果不够聪明怎么办？是不是就放弃人生,从此得过且过？

好像我们菜市场那边有一个补鞋的大爷，从外地来到我们这座城市几十年了，由于只上过小学，年轻的时候，他只能干点体力活，辗转于各个建筑工地，送过外卖，装过空调，扫过大街，一辈子吃尽苦头，但是依然活得很艰辛，老得扛不动的时候，干脆在街边摆地摊补鞋子。日出开档，日落回家，日复一日，看起来很无望，但也并不是那么绝望，因为他有一个正在读大学的儿子。

这个儿子是他一生的骄傲，每次去补鞋，他都会跟我唠叨："闺女啊，我看你文文静静，一定上过大学吧？我儿子也读了大学，现在在上海工作，上个月还在这边买了房子，他说这边比上海便宜。"

真好啊，我感叹："那你为什么要补鞋子呀，跟着儿子回家享清福不就得了？"

大爷微笑着摇头说："哪能这样呀，上海压力那么大，我得趁还能动，养活自己就好了，儿子负担也没那么重。"

大叔一辈子辛劳，他说自己没文化没知识，只能干一些体力活，努力存钱供儿子读书，希望他将来出人头地，不用重复父亲的老路。

如今，他儿子考上了大学，在上海找到一份不错的工作，还回到自己长大的城市买了房子，也算是改变了自己的命运吧。

有些人说，他没法在自己工作的城市买房子，还是游离于大城市的边缘，还是大城市的底层，算不上改变了命运。

但我并不这样认为，一个人有没有改变命运，得拿他的原生家庭作参照物。和父亲一辈子干体力活、租房子住相比，他确实改变了自己的命运，只不过跟那些在大城市有房有车的人相比，差一点而已。

都说要经历三代人才能彻底改变一个家族的命运，谁又知道，到了他孙子的那一代又如何呢。可能因为父母勤勤恳恳、脚踏实地地工作，教育自己的儿子努力读书，然后在大城市长大的孩子，又有了更高的起点。正如他的爷爷也曾经很努力、很勤奋地生活，离开了生养自己的穷乡僻壤，把家安在了另外一个更发达的城市，靠自己干体力活赚来的钱供孩子读书，让孩子的起点变高了一点一样。

如果这个补鞋的大叔因为自己穷，找不到好工作，因为见惯"朱门酒肉臭，路有冻死骨"而变得愤世嫉俗，让自己的儿子也认为，读书没有什么用，那现在他儿子的命运就一定不是这样的。

3

努力是不值一提,但是不努力,你的人生就真的不值得一提。

也许很多人都会很憋屈,明明自己已经很努力了,但为什么还是得不到应有的回报;明明有些人,根本什么都没做过,却能坐享其成,什么都有。

可是这样又如何呢?生而为人,很多人根本没的选,但也不能因此而放弃自己的人生。努力地活着,好好地过下去,才是每一个人的使命。

努力吧,我相信生命会因此而变得特别有意义。如果生命走到了尽头,人们在我的墓碑上刻上"此人一生都很勤奋,自力更生,并且温暖过许多人"这样的一句话,我已经很心满意足了。

有时候,我们的改变和跨越并不需要很大,我们也许改变不了这个世界和别人,但如果能改变自己,就已经很了不起了。

人不好，
风水再好也没有用

1

以前，我们公司市场部有一个传说：办公室最后的一个位置坐不得，如果坐了，不出半年，就会因为业绩太差而被辞退，据说已经有好几个前同事中招了。

说来也奇怪，办公室那么多人，那么多位置，一直平安无事，为什么唯独那个位置一直出问题，来多少个走多少个，久而久之，大家都开始忌讳，说此位风水不好。

其实，那个位置靠窗，打开百叶窗时，阳光从室外洒满格子间，透风又光亮。从风水学的角度来看，其实是很不错的，很多领导、高管的办公室，都是背对窗户的，怎么到了我们这就不好了呢？

记得当时有一个同事，刚进公司的时候被安排到那个位置，入职三个月还没有出单，后来可能是听了什么小道消息，就跑去请求上司给她调位。

一切如她所愿。

按理说，换了位置，就不会再有什么风水气场的问题了吧，工作应该顺利了吧，可是三个月过去了，她还是没有"开张"，最终，公司只能把她给辞退了。

不过，就算她被辞退了，之前还是坐那个位置坐了很长一段时间，也算是沾到了霉气，所以才会导致后面工作不顺吧。

一时间，那个位置是"冷宫"一说，再次被传得沸沸扬扬，很长一段时间，大家宁愿站着，也不愿意去坐那张椅子。

我们部门经理是一个彪悍的湖南妹子，她向来对风水之说不怎么感冒，也不相信同一间办公室会有什么风水败坏之地。为了破除这个谣言，她便自己搬过去坐了。

大家骇然，纷纷劝她：你何必呢！真不真、假不假的，还是避忌一点好。

女经理大手一挥："我就不信这个邪！"

于是，她就在这个位置坐了下来，并且一坐就是两年，工作蒸蒸日上，后来还被升为公司副总，工作上更上一层楼，生生把别人眼中"风水不好"之地,变成了自己的风水宝地。

后来,这桩事情被公司老板知道了,他笑着说:"哪里是风水不好,能力不够好的人,坐哪里都混不好。"

说得有道理,人要是不好,风水再好也没有用。

2

我曾在知乎上看到这么一个真实的事件。

一个小伙子,家里开了一间饭馆。有一天,他父母请了一个风水师傅来看风水。小伙子一向不信这个,于是便对风水大师处处顶撞,毫不掩饰地怀疑风水大师是在招摇撞骗。风水大师很生气,就用广东话骂了一句"祝你全家富贵"就离开了。

小伙子之后才知道风水先生说"祝你全家富贵",其实是一句粗口,是骂他们的意思,但当时他并不在意,觉得那不过是一句气头话罢了。

后来,这家饭馆的生意一直不好,而隔壁家的店,客似云来。而且这个小伙子霉运不断,身体也不好,有一天他突然想起那个风水先生临走前的那句粗话,就开始怀疑是对方破坏了他们家的风水,诅咒了他们。

于是他问大家,他到底该这么才能改变自己的运程。

对此,网友们一边倒地认为,是小伙子破坏了自己的风水。

开门做生意的人,大多讲究和气生财,进门就是客,理应笑脸相迎,就算心里不高兴,也不应该轻易流露于面上。更何况,风水先生是他们父母请过来的客人,更应该以礼相待才对。

风水先生也不是什么邪魔外道,诅咒之说更谈不上。不过从这件事上,却可窥见这个小伙子是一位脾气火暴、没有耐性和包容心之人,恐怕也缺少那么一点教养,料想平日的待人接客之道也高明不到哪里去,他家饭馆生意不好,细想其实也怪不到风水上面去。

有一句话说得好,最好的风水就是人品,人品好,福报自然就会紧随其后。

3

在南北朝小说《幽明录》一书中,记载了这样一个故事。

有一个叫孙钟的人,平日以种瓜为生,收入十分有限,生活很是潦倒。

有一天,他家里来了三个陌生人向他讨水喝。孙钟见了,连忙请他们进来,不但泡茶给他们喝,还拿自己种的瓜去招呼他们。

在交谈的时候,孙钟说起了自己的身世,他母亲很早就过世了,现与老父相依为命。父亲年事已高,而他至今连媳妇也娶不上。

这三个人好吃好喝完之后,对孙钟说:"我们有办法让你的日子好过起来,你先下山走一百步,在此过程中不能回头看。"

孙钟见这三人道骨仙风,心里早已经有了几分仰慕,于是便依照他们的指示下山,然而走到六十八步的时候,实在忍不住,就回头看了,只见刚才三位陌生人所坐之地,三只洁白漂亮的白鹤缓缓升起,向天空飞去。

孙钟惊喜若狂,赶紧把母亲的尸骨挖出来,葬在三位仙人坐过的地方,从此之后,他真的飞黄腾达起来。

这个故事虽然带着浓重的神话传说色彩,也说明了"墓葬风水"的重要性。但与其说这是一个风水故事,不如说这是一个"好心有好报"的故事。孙钟因为好善乐施,善待了化身凡人的仙人,因而得到仙人的指点,把贫瘠的屋地变成了风水宝地,改变了自己的命运。其实是一种因果报应,他是先做好了人,好风水才会降临到他的身上。

风水说在中国古已有之,上到帝皇,下到贫民,都相信风水能改变一个家族的命运。风水虽然有一定的道理，但我觉得最重要的还是如何为人处世。所谓得道多助，失道寡助，一个人品好的人，自然就能得到旁人的喜爱和帮助，久而久之，自己周围的气场也会改变，命运也会朝好的方向发展。

4

《易经》曰：天行健，君子以自强不息。地势坤，君子以厚德载物。

福地福人居，品行不好或者能力不足的人，就算得到了一块绝好的风水宝地，也成不了什么大事，说不定还能把风水破坏掉。但是如果品行好，根本不用什么好风水，也能把运程养起来。风水与人品，其实是密不可分的，与其拼命去寻找所谓的风水宝地，不如好好修炼自己的修为，所谓"你若盛开，蝴蝶自来"便如是，你就是自己的风水。

情商高，
就是懂得好好说话

1

我有一个朋友叫惠子，人缘非常好，几乎所有跟她接触过的人，都喜欢跟她聊天，是公认的"高情商"，她话说得十分得体。

记得有一次，我们几个同学聚在一起吃饭，大家边吃边聊，都喝了一点酒，气氛颇为热闹。但有一个女同学情绪却非常低落，无论我们怎么笑怎么闹，她就是低头不语，一个劲儿地喝闷酒。

于是大家问她怎么了。

女同学一脸落寞地问我们："是不是真的有很多人讨厌我？"

讲真，这个女同学性格有点古怪，喜欢我行我素，活得比较自我，说话直白，又很小气，容易得罪人，确实有很多人不太喜欢她。

我们三个中就有一位曾经与她结怨，但碍于颜面，并没有直接与她开撕，只是心里还是有所芥蒂。

听了她的话之后，我们都没有吭声，因为实在不知道如何回答她。她见大家不说话，没死心，又问了一遍："我是不是真的很讨人厌？"

大家还是一脸尴尬，不知如何作答。这时，惠子笑眯眯地说："才不是呢！我最喜欢你了，性格够真实，没有那么多的心眼，很好。"

同学半信半疑地问惠子："你说的是真话吗？"

惠子笃定地说："我说的句句真话，我是真喜欢你这样的性格。"惠子的一点点阳光就让同学恢复了灿烂，她一扫刚才的沮丧，高兴得大口大口吃起菜来。原来她刚刚失恋，这已经是她第4次被男朋友甩了，心情非常不好。

我心里想，惠子可真会说话，专挑别人爱听的来说，就不能说句实话吗？

饭局散后，我跟惠子顺道一起回家。本来是不应该在背后议论别人，可我还是忍不住跟惠子讨论起刚才那件事来。

"她的性格确实有很多问题，我们跟她那么熟，更应该说实话指出她的问题所在，这样她才有机会改正呀！"

惠子笑着说:"我说的是实话啊,她确实是这样的人,我也确实是这样想的,但这不是全部的实话。要知道,她又不是十岁八岁的小孩子,以前那么多人说过她,能改早改过来了。她对自己的情况清楚得很,不然她也不会这样问我们了,她今天其实只是求安慰,而不是求建议,我们说实话她肯定会翻脸。"

惠子的话确实很有道理。那位同学其实很清楚自己的问题所在,都30岁的人了,性格基本已经定型,怎么改都改不了,旁人再如何劝说,也不过是徒劳而已。

2

可能会有人觉得惠子虚伪,刚开始我也是这样想的。但后来我才明白,事事全部讲真话才是自断前程的行为。惠子之所以那么受欢迎,我想原因主要有两点:不说假话,不说尖酸刻薄的实话。

能说会道、满嘴假话的人,恕我直言,这不是情商高,而是虚伪。或许你可以在短时间内迅速交到一群朋友,但是交不到真心的朋友。因为交朋友最重要的是真诚,别人看不到你的真诚,自然不会和你交心。所以,做人一定要少说假话。

不说实话,并不是阿谀奉承,睁眼说瞎话,而是尽量少说那些有可能会伤害到别人的话。其实这一点最重要,可是能够克制住自己的人太少了!

季羡林先生曾经说,做人就应该"假话全不说,真话不全说"。

这句话精妙极了,它就很好地诠释了什么叫高情商。所谓情商高,就是不说假话,也不说伤害别人的真话。

其实,我本人也是那种性子比较耿直的人,说话常常不过大脑,别人做得不妥的地方,我一定要说出来心里才会觉得痛快,觉得那是为了别人好,所谓良药苦口利于病嘛。

有一段时间,我受某文学网校所托,帮网校的学员们点评文章。

刚开始的时候,我都是说全部的实话,经常把学员的文章批得一无是处。慢慢地,学员的互动越来越少,提交的文章也比过去少了许多。

正当我纳闷的时候,突然收到一个学员的私信,她真诚地对我说:"老师,我觉得你讲话的语气重了一点,自尊心脆弱的人,根本受不了。"

我恍然大悟,马上调整了点评的风格,我先是表扬他们一通,趁他们高高兴兴的当儿,再说出文章不足之处,学员们果然表现出一副受宠若惊的样子,也更加容易接受,纷纷打趣说:"哇,老师变得温柔了好多!"

由此,我得出一个结论,那就是,有时候我们自以为是、一针见血的犀利,在别人眼里不过是尖酸刻薄的无礼而已。坦率没有错,但是高估别人的承受能力却是一种不善良。

说话,还得顾着别人的自尊心,不让别人难过为好。

3

我们一直在谈论高情商,想办法提高自己的情商,其实,很多时候,你只要学会了说话,就已经是高情商了。

为什么我不提倡事事全部都实话实说?因为真话往往让人接受不了,也很伤人。

比如,我那个女同学,如果连我们都说她讨厌,那对她的打击肯定很大。

比如,我帮别人点评文章,如果直说人家写得烂,而不是先表扬再提出一些建设性的意见,肯定会伤到别人的自尊心。同理,假如别人说我的文章是垃圾,我也会很难过。

在成年人的世界,有一样能力很重要,那就是克制,克制自己的负面情绪,克制自己时刻想吐槽的冲动。

比如:

别人在朋友圈上晒了一张美颜过的照片,如果你看不惯,大可视而不见,而不是在人家照片下面留下"P得连你妈妈也认不出来了"的评论。

别人请你去家里做客吃饭，满身汗水地做了一桌子菜，就算真的味同嚼蜡，你也可以微笑地指着其中一道相对来说还不错的菜说：味道不错哦。

……

这些话，无伤大雅还能给人温暖和鼓舞，多说也无妨。

鲁迅为萧红代表作《生死场》作序的时候，对这本小说赞誉有加。

他在序言中有一句话"叙事写景胜于描写人物"，鲁迅后来解释这句话的意思其实就是描写人物并不怎么好，但是大师就是大师，他换了一种方式表达，自己也说了真话，也没有让萧红下不了台，这体现了他的高超之处。

不说伤害别人的真话，就是一种高情商。伤害别人的真话，谁都想说，看到值得吐槽的地方，人人都想一吐为快，你是舒服痛快了，可是别人呢？

要知道，话说出去可是收不回来的，伤害过的人，即使和好了，裂痕依然在那里。

如果你当时能克制住，换一种不伤害别人的方式表达出来，这就体现了你的情商。

情商高不是不说真话，而是把真话说到位！

我是如何
克服拖延症的

1

我常常为自己的懒惰而发疯。

比如,我明明做好计划,一天至少要写3000字、看30页书,或者画1小时的工笔画,写一两张毛笔字,可是很多时候,我却只能完成一半。

其实,我一直很想像别人那样,六点钟就爬起来写稿,可是我试过很多次,根本醒不来,或者醒来了也爬不起来,非得再睡一会儿或者躺床上玩玩手机,直到七点半才起来。接着是洗漱,去买菜,吃完早餐又躺在沙发上玩手机,酝酿灵感,直到觉得实在无法再拖才坐下来开始写。

然而，就算开始写，我还是要不停地刷微信和看视频，看看外面的世界发生了什么新鲜事。如此一来，原本两小时就可以写好的文章，我要花上五六小时，甚至到了睡前才写好。

写作如此，其他方面也差不多。我的钢琴没练，画没描，毛笔字没写；每天早上起床跑半小时步的计划一直实行不了；我想在阳台外面砌一个花圃，种上玫瑰、芍药、山茶、杜鹃等花，一年四季都可以繁花似锦，可惜也是流于空想；我想抽时间来好好整理一下凌乱的家，让生活变得更清爽一点，但总是日复一日也下不了决心；我想来一场说走就走的旅游，可是计划做了1000遍也无法成行……

我想做的事，有千种万种，可同时也有千种万种理由拖住我，让我总想再等，再缓缓，再睡睡，再刷刷朋友圈，再做也无妨。

三个月前，我签了一本书，费尽了九牛二虎之力才让编辑同意我写故事，说好三个月交稿，可是我总觉得要好好酝酿，等待灵感和契机，才能把故事写得精彩，但是我总是等不到脑袋灵光一闪的那个时候，于是，三个月过去了，我一篇精彩的故事也没有写出来。

我每天都觉得自己很忙，但是夜深人静回顾一天时，我发现自己其实也没干什么，最多写了一篇3000字的文章，工作效率低得让我吃惊。

我在想，到底是什么让自己落到如此地步？

开始我总是觉得自己懒，其实后来想想并不是自己懒，而是因为太拖延。

无论什么都是拖拖拉拉，后来就什么也没有了。

所谓明日复明日，明日何其多。

2

我有一个极好的朋友丽君，她是一位颇有建树的作家，19岁开始在各大杂志上发表作品，到现在，已经发表了几百万文字。有一天，她把自己的日程表发到朋友圈上，大家一看，惊呆了。

她6点起床，9点上班之前已经写好了两篇文章，之后又利用中午休息的空隙看书，下班之前再写一篇千字短文，晚上睡觉前再来一篇，一天写四五篇稿，并且质量惊人，过稿率百分之百。从周一到周五，天天如此。

除此之外，她周末去做中学生作文辅导，每晚要上两节课。丽君她的本职工作是扶贫，每天要填写大量的文件，可以说是忙得不可开交。

可饶是如此，她依然能出色地完成自己的工作，并且取得了一个月过稿 133 篇的骄人成绩。

我对她，真是佩服得五体投地，问她是否真的可以做到一到六点马上就可以从床上弹起来。丽君说："当然可以了，我调好了闹钟，闹钟一响，我一定会起床，无论刮风下雨，除非卧病在床。"

我问她："你是如何做到的？"

丽君说："不要熬夜，我基本是晚上 10 点左右上床睡觉，所以就算是 6 点起床，睡眠也是充足的。早睡早起的这个习惯，刚开始可能有点难度，但经过一个月的尝试，其实就可以让自己自律起来，正如跑步的人一样，刚开始时很累、很痛苦、万般不习惯，但三个星期后，跑步者就会开始适应这个规律，并喜欢上这个规律。"

她问我要不要尝试一下，我说我做不到，她鼓励我先试试，逼自己一把。

因为羡慕她的骄人成绩，我决定听她的，刺激自己一把。

3

我先给自己定的目标是：克服早上赖床的习惯。

自从没有上班之后，赖床成了我最喜欢的"节目"之一。我可以六点醒来，然后在床上一直玩手机直到九点。这是一个很不好的习惯，既浪费时间又伤眼睛。

计划开始实行后，我并没有强迫自己一定要在几点钟醒来。我第一天是在七点半起床的，一醒来，我就习惯性地拿手机刷新闻和自己朋友圈，但是因为要改掉赖床的习惯，所以我强迫自己刷了五分钟就停止了，然后起床，刷牙洗脸，仔细地往脸上涂抹各种护肤品，再穿上漂亮的衣服。

这一点很重要，也可以说是一种仪式，一天的精神值便源于此。有些人起床后不洗脸也不打扮，其实这样会让人精神颓废，因为我们会从心底觉得不梳洗打扮的自己很邋遢，不美，这种感觉会让我们无法认可自己，因而更加颓废，该做的事情压根就提不起精神去做。

吃完早餐后，我马上坐到电脑前，开始准备写文章。

以前我总是要拖到下午才开始写，原因是觉得思路不清晰，不知该从何下笔，担心自己写不出来。但当我强迫自己坐下来后，发现下笔其实并没有那么难。

此外，我还尽量降低自己在写作过程中玩手机的频率。从前我是写50个字，就要玩5分钟手机，减少玩手机的次数后，我发现自己其实也可以在两小时内写完一篇3000字的文章。

然后我意识到，凡事流于空想比开始做但无从下手痛苦多了，因为如果我们一直停留在"想做"这个阶段，就会一直觉得痛苦，除非我们开始做，不然这种感觉只会加深而不会减弱，想十天痛苦十天，想十年痛苦十年，想一辈子痛苦一辈子。

一个月之后，我已经开始习惯了在上午完成一篇文章，然后下午四五点再开始写另外一篇文章的工作规律了。

鼓起勇气开始做后，我们就会发现，事情并没有想象中的那么难。

4

拖延症到底是什么呢？

根据《拖延心理学》这本书的总结，喜欢拖延的人其实有以下两个心理障碍：

一是恐惧失败。

很多时候，人们之所以迟迟不动手，是因为总想着要等到一个更完美的时机或者制订一个更完美的计划，所以总是说时机未到或者条件不够充分。因为害怕失败或者达不到预期的效果，宁愿选择按兵不动。这既是害怕失败，也是追求完美的一种表现。

二是恐惧成功带来的伤害。

有些人过分善良，觉得自己所做的事会伤害到别人，因此迟迟不敢动手。

好朋友曾经和我倾诉过一个困惑，她很不喜欢自己的一个女性朋友，因为对方喜欢在跟她聊天的时候议论别人的是非。朋友很不喜欢这样，渐渐不再喜欢和她做朋友，但对方毫无知觉，依然常常约她去逛街、吃饭。她很想拒绝，但又害怕伤害了朋友的自尊心，然而赴约之后，自己也不开心。因此，她很纠结和痛苦。

当我把她拖延的原因分析给她听之后，她恍然大悟，开始硬着头皮拒绝朋友的邀请，也不再听她抱怨和申诉。几次之后，朋友也明白她的意思，两人的关系开始慢慢疏远了，而好友也终于得到了解脱。

有些拖延症，其实是过度善良所致，当克服了这点，人生就会豁然开朗，问题也就得以圆满解决。

克服拖延其实很简单，那就是去做。无论想做什么，关键都是要去做，尽快进入状态，鼓起勇气，生活中的许多难题就会迎刃而解。